Dr. Walther Thiede

Greifvögel und Eulen

Alle Arten Mitteleuropas erkennen und bestimmen

blv

Die Deutsche Bibliothek –
CIP-Einheitsaufnahme

Greifvögel und Eulen :
alle Arten Mitteleuropas
erkennen und bestimmen /
Walther Thiede. – München ;
Wien ; Zürich : BLV, 1999
(BLV-Naturführer)
ISBN 3-405-15117-1

BLV Verlagsgesellschaft mbH,
München Wien Zürich
80797 München

BLV Naturführer

Lektorat: Dr. Friedrich Kögel
Umschlagentwurf: Studio Schübel, München
Satz und Druck: Appl, Wemding
Bindung: Auer, Donauwörth

Gedruckt auf chlorfrei gebleichtem Papier

Printed in Germany · ISBN 3-405-15117-1

Bildnachweis

M. Danegger: 1 l, 2/3, 21 o, 51 u, 75
J. Diedrich: 37 o, 43 ur
W. Layer: 83 u
A. Limbrunner: 10, 16, 19 o, 25 u, 27 u, 33 o, 33 u, 37 u, 41 u, 53 o, 53 u, 55 o, 55 u, 57 o, 59 o, 59 u, 65 o, 67o, 71 u, 79, 81 u, 89 ul, 93 u
D. Nill: 8, 9, 110, 13, 21 u, 23 o, 23 u, 39 o, 43 o, 57 u, 65 u, 73 u, 83 o, 85 u, 87 u, 89 o
G. Synatzschke: 15, 19 u, 39 u, 77, 91
E. Thielscher: 14, 67 u
W. Willner: 11 u
K. Wothe: 25 o, 27 o, 29 o, 35 o, 47 o, 49, 63 u, 69 o, 71 o, 73 o, 89 ur, 93 o
P. Zeininger: 1 r, 29 u, 31, 35 u, 41 o, 43 ul, 45 o, 45 u, 47 u, 51 o, 61 o, 61 u, 63 o, 69 u
P. Zeininger/Wendl: 81 o, 85 o, 87 o

Umschlagfotos: A. Limbrunner (vorn: Turmfalke)
P. Zeininger/Wendl (hinten: Steinkauz)

Foto S. 1 l: Schleiereule
Foto S. 1 r: Wanderfalke, Männchen
Foto S. 2/3: Mäusebussard
Zeichnungen: Heidi Janicěk

Einführung

Das Leben der Greifvögel ist so vielseitig wie das Leben anderer Großgruppen unter den Vögeln, und es gibt fast nichts, was es bei ihnen nicht auch gibt: lebenslängliche Ehe, Jahresehe, Vielweiberei, Vielmännerei; Flugjagd, Jagd zu Fuß und vom Ansitz aus, Aassuche und Aasfresserei, Abjagen der Beute von anderen Greifvögeln; Baumbrüter, Höhlenbrüter, Felsenbrüter, Bodenbrüter. Eigentlich eint sie nur ihre Vorliebe für fleischliche Nahrung, d. h. Wirbeltiernahrung, denn reine Insektenfresser unter ihnen sind rar und bei mitteleuropäischen Arten gar nicht vorhanden. Warum aber beachten wir sie mehr als andere Vogelgruppen?!

Eulen hingegen sind in ihrem Körperbau und in ihren Lebensfunktionen uniformer als Greifvögel. Sie sind überwiegend nachtaktiv; doch tagaktives Verhalten ist dann das bevorzugte Jagdverhalten, wenn es z. B. im Sommer in nordischen Breiten auch nachts über taghell bleibt oder eine stärkere Eule, die sie unter Umständen als Beute schlägt, sie zur Verhaltensänderung zwingt. Von den rund 150 Eulenarten, die es auf der Welt gibt, sind rund 60 % ausschließlich nachtaktiv, viele andere aktiv in den Dämmerungszeiten. Die Jagdmethoden sind so vielseitig wie die der Greifvögel, allerdings fehlen Aassuche und Aasfresserei.

Greifvögel faszinieren

Greifvögel beeindrucken seit alters her den Menschen durch ihre Kraft und Geschicklichkeit im Jagen, durch ihren Mut – wie wir es vermenschlichend sehen. Sie wurden schon in grauer Vorzeit Symbol menschlicher Herrschaft, wobei Adler als Zeichen der Macht, der Überlegenheit und nicht selten auch der Magie gewählt wurden. Greifvögel als Wappentiere sind auch heute noch Brauch, und der Adler ist nicht nur für Deutschland Staatssymbol. Bei den ägyptischen Hieroglyphen steht der Adler symbolisch am Anfang des Alphabets. König der Vögel war der Adler im Altertum, den römischen Legionen wurde er als Standarte vorangetragen, die Standarte in einem heiligen Raum aufbewahrt. In der germanischen Mythologie war der Adler der Waffenträger des Zeus.

Im orientalischen Kulturkreis galten außerdem Geier als unantastbar. Mit ausgebreiteten Schwingen sind sie im alten Ägypten und bei den Persern Königssymbole, und noch vor 100 Jahren wurde im Orient das Töten von Geiern schwer bestraft. Geier waren ja jahrtausendelang in diesen Ländern eine unentbehrliche Hygienepolizei, zugleich aber im Glauben der Menschen Vögel, die die Seele in den Himmel brachten. Schließlich konnte jeder beobachten, dass sie als Erste bei Leichen zugegen waren – und kamen sie dazu nicht in der Regel aus dem »heiteren Himmel« herab?! So standen sie im Rufe, alles zu überwachen, so wie es einem wirklichen Herrscher ansteht. Noch heute bestatten die Parsen in Indien ihre Toten, indem sie sie den Geiern zum Fraß überlassen . . .

Greifvögel wurden schon früh Jagdgefährten des Menschen, und da ihre Abrichtung weit schwieriger als die eines Hundes ist, galt die Jagd mit Hilfe von Greifvögeln – die sogenannte Beizjagd – Kaiser Friedrich von Hohenstaufen

(1194–1250) »bei weitem schwieriger und edler als alle übrigen Jagdarten«. Ein moderner Biograph (Gebhardt) des Kaisers fasste es in die Worte: »Er empfand sie als den Sieg des Menschengeistes über den Freiheitstrieb des Raubvogels. Im Falknerdienst sah er eine harte Schule der Charakterformung, die auch den Staatsmann dem ihm vorschwebenden Bilde vom vollkommenen Menschen näherbrachte."
So waren Adler, Geier und Falken – und damit Greifvögel schlechthin – dem Menschen nie gleichgültig, und erst in »aufgeklärter« Neuzeit galten sie plötzlich als Feinde, die es zu bekämpfen galt, und als Trophäen, um in der »guten Stube« zu verstauben. Gottlob geht diese Zeit langsam aber sicher dem Ende zu, und das Verständnis für die Existenz und die Lebensberechtigung der Greifvögel nimmt immer mehr zu. Leider aber werden auch heute noch Greifvögel wider Erwarten verfolgt.

Eulen gelten als unheimlich

Da unsere eigene Welt normalerweise der Tag ist, sind uns Geschöpfe, die nachts leben, von vornherein suspekt und Furcht einflößend. Denn in unserer Menschenwelt waren ja bis weit hinein in die Neuzeit nur zwielichtige Gestalten (als »lichtscheues Gesindel« bezeichnete man sie) nachts unterwegs – und die Nachtwächter. Erscheint nun eine Eule am helllichten Tag, so kann das ja nur Unheil anzeigen. Hinzu kommen die oft unheimlichen Rufe der Eulen. So übersetzt der Volksmund seit Jahrhunderten das »Kiewitt, Kuewitt« des Waldkauz-Weibchens mit »Komm mit, Komm mit«, als Klageruf des Totenvogels, als Aufforderung zum Sterben. Eulen galten im Aberglauben z. B. als die Großmutter des Teufels, in China und Frankreich gar als der Teufel selbst. Sehr oft wurde gefürchtet, dass ein Haus abbrenne, wenn sich eine Eule auf das Dach setze. Und bei den Siebenbürger Sachsen durfte man den Schrei der Eule nicht nachmachen, sonst stürbe man.

Eulen galten vielfach als Unheilsboten, aber auch – wie auf dieser alten Darstellung – als Hüter des Wissens und der Weisheit.

Gelegentlich jedoch galten Eulen auch als Glückbringer. Im schweizerischen Kanton Bern kann das Rufen einer Eule eine Geburt anzeigen. In Frankreich wird eine Schwangere von einem Mädchen entbunden werden, wenn eine Eule vom Kamin des betreffenden Hauses aus ruft. Und in der Lausitz ist der Schrei einer Eule in der Nähe eines Schwangeren-Hauses ein Glückszeichen für eine zu erwartende komplikationslose Geburt. Wiederum glauben Franzosen, dass der Ruf einer Eule, am Morgen vernommen, Glück bei der vorgesehenen Besorgung bedeute, zu der man aufgebrochen sei.
Immerhin, auch als Heilmittel wurden bei den alten Griechen und Römern Euleneier gegen Trunkenheit gegeben. Drei Tage lang musste man nur die Mischung aus Euleneiern und Wein trin-

ken. Plinius nannte noch weitere Rezepte, so nehme man die Asche eines Eulenauges und mische sie mit Augensalbe, die Augen würden nach der Anwendung wieder klar . . .
Warum aber huldigte man lange dem Brauch, eine Eule übers Scheunen- oder Haustor zu nageln? Es beruhte auf vorchristlichen Glaubensvorstellungen. Die Eule galt als Schutzvogel in göttlichem Auftrag. So nagelten etwa estnische Bauern noch Jahrhunderte nach ihrer Christianisierung zum Schutze der Pferde eine Eule in den Stall. In Sachsen verhindern so angenagelte Eulen, dass Hexen ins Haus eindringen, in anderen deutschen Ländern schützen sie so vor Blitz und Zauber. Doch gottlob sind dies nur noch Erinnerungen aus vergangenen Tagen.
Im Volksglauben gelten Eulen oft als dumm, so in Frankreich und in Flandern, worauf manche Sprüche hinweisen. Im Altertum hingegen sah man sie als kluge Vögel, als Hüter des Wissens und der Weisheit.

Greifvögel und Eulen im System der Vögel

Greifvögel sind näher verwandt mit Enten- und Hühnervögeln sowie mit den Schreitvögeln. Innerhalb der altweltlichen Greifvögel trennt man zwischen den sogenannten Habichtartigen und den Falkenartigen. Beide Gruppen bilden je eine eigene Familie innerhalb der Ordnung der Greifvögel. Die rund 52 Falken-Arten sind eine recht einheitliche Gruppe, fast alle gehören einer einzigen Gattung an, während die Habichtartigen sich sehr ausdifferenziert haben und mit ihren rund 235 Arten viele Gattungen bilden.
In Mitteleuropa und den benachbarten Räumen können wir mit 24 Habichtartigen und 8 Falkenarten rechnen. Die 24 Habichtartigen unterteilen wir gewohnheitsmäßig in Adler, Geier, Milane, Weihen, Habicht, Bussarde und in Wespenbussard und Gleitaar. Die Einteilung entspricht jedoch nicht ganz der systematisch-wissenschaftlichen, denn die 8 »Adler« verteilen sich auf 4 Gattungen und die 3 Geier bilden jeder für sich eine eigene Gattung, sind also nicht so eng miteinander verwandt, wie es dem bloßen Auge erscheint (siehe auch S. 11 f.).
Von den 24 Habichtartigen brüten in Mitteleuropa heute 20, im benachbarten Frankreich 3, und die 24. Art, der Raufußbussard, ist regelmäßiger Wintergast aus Nordeuropa.
Wir wissen bis heute nicht sicher, welcher Vogelstamm der den Eulen nächst verwandte ist. Die vorherrschende Meinung ist, dass es die Nachtschwalben sind. Lediglich aus unserer subjektiven Sicht und aus unserer Vorliebe für kraftvolle Jagdtiere, die Wirbeltiere jagen, nennen und denken wir sie in einem Atemzug mit den Greifvögeln. Denn mit den Greifvögeln sind sie überhaupt nicht verwandt. Für den Laien einprägsam sind ihre Gemeinsamkeiten oder, wie es in der Wissenschaftssprache heißt, ihre Konvergenzen wie z. B. der Hakenschnabel.
Eulen bilden eine sehr gut abgegrenzte Einheit – eine eigene Ordnung – unter den Vögeln. Die rund 150 Arten, die es auf der Welt gibt, sind untereinander so verwandt, dass man für alle Eulen einen gemeinsamen Urahn annimmt.
Wir können in Mitteleuropa mit 12 Eulenarten rechnen, von denen 8 (–9) bei uns brüten. 2 weitere, Schnee-Eule und Sperbereule, kommen zu uns als Invasionsgäste. Die 13. europäische Art, der nordische Bartkauz, erreicht als äußerst seltener Brutvogel gelegent-

Seeadler nach einem Bad.

lich den Bialowieser Urwald im Nordosten Polens und damit Mitteleuropa. Fast alle 150 Eulenarten ernähren sich von Kleinsäugern, vor allem von Wühlmäusen und Mäusen. Sie sind hochspezialisierte, geschickte Jäger.

Greifvögel

Körperbau der Greifvögel

Greifvögel zeichnen sich bei aller Verschiedenheit ihres Körperbaus und ihrer Lebensweise durch 4 gemeinsame Merkmale aus: eine enorme Sehschärfe, einen Hakenschnabel, Beine von kräftiger Statur und Füße mit scharfen gebogenen Krallen. Mit dieser Ausstattung sind sie in der Lage, ihre jeweilige tierische Nahrung zu sehen, zu schlagen und mundgerecht zu zerlegen.

Männchen und Weibchen sind bei Greifvögeln und Eulen (sieht man von den Aasfressern unter den Greifvögeln ab) in vielen Arten in Größe und Gewicht unterschieden. Zu diesem Geschlechtsdimorphismus bei monogam lebenden Arten gibt es mindestens ein Dutzend Hypothesen, warum dies so ist. Doch nur eine hat bisher Gnade gefunden, die der weiblichen Dominanz, basierend auf dem Sexualverhalten. Bei Vögeln – und nicht nur bei ihnen – ist zu Beginn der Paarbildung beim Männchen im Verhalten dem Weibchen gegenüber Aggression untermischt. Da Greifvögel und Eulen mit ihren Fängen potenziell tödliche Waffen besitzen, ist ein dominantes, größeres und schwereres Weibchen vor Verletzungen seitens des Männchens besser geschützt. Bei Vögeln ist es bekanntlich das Weibchen, das das Männchen bzw. dessen Revier mit ihm darinnen auswählt. Ein weniger aggressives, weil kleineres und leichteres Männchen, wird daher eher vom Weibchen erwählt werden. Ihre Dominanz wird auch klar ersichtlich, wenn das Weibchen das Männchen vom Horst aus mit spezifischen Rufen zur Jagd auffordert, denen es unverzüglich folgt

Tretakt (Kopula) eines Wanderfalken-Paars.

und die Nahrung sehr schnell herbeischafft. Ist es einmal unwillig, jagt das Weibchen das Männchen davon und treibt es dadurch zur Jagd.
Die oft geäußerte Annahme, dass der Geschlechtsdimorphismus ursächlich mit dem Jagdverhalten zu tun hat und deshalb bei Vogeljägern besonders groß sei, lässt sich nicht belegen. Allerdings legt die bloße Beobachtung einen Zusammenhang nahe: Denn jene Greifvögel, die Mäuse und andere Kleinsäuger jagen, zeigen kaum eine Größendifferenz zwischen den Geschlechtern, wohl aber die Vogeljäger.
Insbesondere bedeutet die Verschiedenheit von Körperbau und Lebensweise, dass nebeneinander in einem Lebensraum nicht nur Männchen und Weibchen einer Art verschiedene Beuteangebote nutzen, sondern auch mehrere Arten nebeneinander leben können. Am offensichtlichsten ist dies natürlich bei Arten wie Wespenbussard und Mäusebussard, die sich auf ganz unterschiedliche Beutetiere spezialisiert haben. Aber auch bei der Wahl des Horstbaumes oder der Horstnische kommen sich die Arten nur selten ins Gehege. Die »Wünsche« und Anpassungen der Arten unterscheiden sich auch darin. Und bei Arten, die im selben Lebensraum leben und etwa gleicher Beute nachstellen, gibt es dann – wie zwischen Greifvögeln und Eulen – die zeitliche Entzerrung ihrer Jagdzeiten. Das Nebeneinander verschiedener Arten wird auch erleichtert, indem z. B. bei vielen Arten der Jagdbiotop nicht gleich dem Brutbiotop ist oder indem manche Arten dazu noch eigene Zeitbiotope besitzen, das heißt zu verschiedenen Tages- oder Jahreszeiten wird in unterschiedlichen Lebensräumen gejagt.

Greifvögel auf Jagd

Wer Greifvögel aufmerksam beobachtet, weiß, dass die Erfolgsquote bei den Jagden gering ist; selbst beim größten Greifvogel, dem Steinadler, ergab sich nur eine solche von 17%. Am leichtesten können wir das am Turmfalken beobachten: Wie oft bricht er die Jagd mitten in der Attacke ab und beginnt von Neuem! Die Jagd ist für den Greifvogel eine Angelegenheit mit unsicherem Ausgang, sie erfordert sehr viel Können und Geschicklichkeit, sie ist für den Jagenden nicht ungefährlich, und sie lässt dem Gejagten oftmals die Chance, lebend davonzukommen.
In ihren Jagdmethoden haben die Greifvögel eine hohe Perfektion entwickelt: Manche Arten kreisen gern in Aufwinden und können mit ihren extrem leistungsfähigen sprichwörtlichen »Adleraugen« Beutetiere aus großer Höhe orten. Falken rütteln häufig in der Luft, um nach Beute zu spähen. Aber auch die »klassische« Ansitzjagd von meist erhöhter Warte wird von vielen Arten praktiziert. Bei der Verfolgung von Beutetieren in der Luft oder

Ein junger Sperber mit seiner Beute, einer Singdrossel.

beim Sturzflug aus großer Höhe erreichen manche Greifvögel erstaunlich hohe Geschwindigkeiten. Als Rekordhalter im Tierreich gilt in dieser Hinsicht der Wanderfalke mit Geschwindigkeiten von weit über 300 Stundenkilometern.

Die jungen Greifvögel müssen die erfolgreiche Jagd erst lernen, und viele kommen dabei um, die meisten durch Hunger. Daher ist die Erziehung seitens ihrer Eltern während der Zeit der Jungenführung von sehr großer Bedeutung.

Von ebenso großer Bedeutung ist aber auch die richtige Zeitwahl des Brütens: Denn je früher die Jungen im Jahreslauf flügge werden, desto mehr Zeit bleibt ihnen vor dem Einsetzen des Zugtriebes bzw. des an Beute armen Winters, das Handwerk zu beherrschen. Doch nicht nur das, wir wissen z. B. vom Baumfalken, dass die Jungen bis zu 1 Monat nach dem Flüggewerden noch gar nicht gelernt haben, Vögel zu fangen: Sie fangen mit dem Fang der relativ träge fliegenden Libellen an, die es just zu dieser Jahreszeit am häufigsten gibt. So werden sie allmählich unter der Obhut ihrer Eltern unabhängig von deren Fütterung. Später werden dann junge, unerfahrene Schwalben ihre erste Vogelbeute.

Verfolgung von Greifvögeln

Der etwa um 1700 beginnende Vernichtungswahn steigerte sich vor allem im 19. Jahrhundert und bis ins erste Jahrzehnt unseres Jahrhunderts in einem Ausmaße, dass man es nur als flächendeckende Ausrottung ansehen kann. Die modernen Feuerwaffen und die Auszahlung stattlicher Prämien sowie zeitweise sogar die Gesetze machten Greifvögeln ein Entkommen kaum noch möglich. So erließ Finnland noch 1868 ein Gesetz, das die Vernichtung aller Greifvögel zur Pflicht machte und 1898 sogar noch verschärft wurde.

Dass wir noch nicht schreiben können, die Zeit der Verfolgung sei definitiv beendet, zeigen die vielen und permanenten Rechtsverstöße in Schottland, die weniger zahlreichen, aber dennoch unakzeptablen Abschüsse und Vergiftungen in Nord- und Mitteleuropa einschließlich Deutschlands. Natürlich holt sich der Wanderfalke seine Brieftaube. Aber was sind die wenigen Brieftauben-Verluste durch Wanderfalken gegen die riesigen Verluste, die ein einziger Sturm, ein einziges Unwetter unter ihnen anrichten. Oder gegen die zahlreichen Tauben, die durch schlichte Überforderung ermüdend die Heimkehr aufgeben und vor Erschöpfung sterben.

Greifvögel sind ja weder unsere Feinde, noch unsere Konkurrenten. Ihr Eingriff in die Bestände ihrer Beutetiere ist nie bestandsgefährdend, im Gegenteil: Ihre Dichte und ihr Bruterfolg hängen von der Dichte und Verfügbarkeit und dem Bruterfolg ihrer Beutetiere ab.

Fischadler mit erbeutetem Fisch nach dem Abheben aus dem Wasser.

Sorgfältige Berechnungen haben z. B. ergeben, dass Habicht und Sperber, denen ja lange seitens des Menschen besonders nachgestellt wurde, selten mehr als 5% des Angebots an Vögeln fangen und konsumieren. In bestimmten Fällen liegen allerdings die Eingriffe auch darüber. So schöpfen Habicht und Sperber regelmäßig in der Brutzeit $^1/_4$ aller Eichelhäher oder nahezu 60% von deren Jungen ab, und der Habicht dezimiert den Sperber vor allem durch »Nestplünderung« um gut 30%. Dennoch sind die Bestände dieser Opfer in Zeit und Raum stabil.

Geier

Als Geier bezeichnen wir jene Greifvögel, die sich ganz oder zu erheblichen Teilen von Aas und tierischen Abfällen ernähren. Da Geier dabei ihren Kopf und unter Umständen auch ihren Hals durch meist schmale und blutige Öffnungen der Kadaver stecken müssen, ist es für sie von Vorteil, dass sie (ausgenommen der Bartgeier) am Kopf und – bei den meisten Arten – auch am Hals unbefiedert sind. Warum der Bartgeier hingegen an Kopf und Hals befiedert

Der Charakterkopf des Schmutzgeiers.

ist und zusätzlich noch einen Hängebart trägt, weiß man bisher nicht.
Die nackten Hautpartien am Gesicht können sich dazu bei einigen Arten je nach Gemütslage verfärben und werden so zur Drohung und als Balzutensil vielseitig eingesetzt.

Adler

Adler sind große, massige Greifvögel von erheblicher Kraft. Doch unser ihnen gegebener Name »Adler« vereinigt sehr unterschiedliche Arten, die nicht nur mehrere Gattungen repräsentieren, sondern sogar zu verschiedenen Unterfamilien gehören. Die eigentlichen Adler (weltweit 29 Arten zählend, davon 6 bei uns in Mitteleuropa vorkommend) haben als gemeinsames Merkmal die Läufe bis an die Zehen befiedert. Ihre Schnäbel und Krallen sind äußerst kräftig; der hohe Schnabelfirst gibt ihnen zusammen mit den großen »forschenden« Augen ein majestätisches Aussehen. Bei uns sind es die Gattungen *Aquila* und *Hieraaetus,* die dazu gehören. Die Beute wird in der Regel am Boden geschlagen.
Ebenso majestätisch wirkt der gewaltige Seeadler. Sein Lauf ist maximal zu einem Drittel befiedert, seine Flügel sind sehr breit und von brettartiger Gestalt. Charakteristisch sind die Vorliebe und die Bindung ans Wasser. Ganz aufs Wasser für seine Ernährung angewiesen ist der zierliche Fischadler, der weitgehend Fische fängt und frisst. Sein Fuß und seine Zehen sind speziell für den Fischfang eingerichtet: Die rauen Schuppen der Gelenkballen sind spitze Dornen, aus denen es für den Fisch kein Entrinnen mehr gibt. Das harte, fest anliegende Gefieder erlaubt dem Fischadler das unbeschwerte Stoßtauchen bei der Jagd.

Bussarde

Von der Unterfamilie der Bussarde kommt bei uns nur die Gattung *Buteo* vor. Diese Gattung ist weltweit nach der Gattung der Habichte mit 26 Arten die erfolgreichste unter den Habichtartigen. Für unser Gebiet sind nur 3 Arten zu berücksichtigen: Mäusebussard und Adlerbussard als Brutvögel und der Raufußbussard als Wintergast. Unsere Bussarde sind mittelgroß, breitflügelig und kurzschwänzig, gern in Aufwinden kreisende Suchflieger und zudem von gedrungener Gestalt. Ihr Gefieder ist farblich nicht einheitlich. Es fehlt ihnen die Wendigkeit, die z. B. die Milane haben.
Vom Aussehen her passt zu den Bussarden unser Wespenbussard, nicht aber von der Verwandtschaft. Er ist spezialisiert auf Wespenjagd: schlitzartige Nasenöffnungen, ein Scharrfuß zum Ausgraben der Wespennester, schuppenartige Federn zwischen Auge und Schnabel schützen vor den giftigen Stichen.

Milane und Weihen

Zwei nicht miteinander verwandte Gattungen, die aber in ihrem Erscheinungsbild manche Ähnlichkeiten zeigen. Es sind mittelgroße (Weihen) bis große (Milane) Vögel mit langen Flügeln oder Schwänzen (bei Milanen zudem gegabelt), die vorzügliche, wendige Jagdflieger sind. Weihen und Milane sind aber gut unterscheidbar, da nur die Weihen ein Gesicht mit eulenartigem Schleier besitzen. Dies ist ein Hinweis darauf, dass Weihen bei ihrem schaukelnden, langsamen Suchflug nicht nur mit den Augen, sondern auch mit den zum Richtungshören befähigten Ohren ihre Beute orten. Milane sind sehr anpassungsfähig und gewöhnen sich daher leicht an den Menschen. Dadurch

Das Porträt des Wanderfalken zeigt deutlich den Falkenzahn am Oberschnabel.

wurden sie immer schon zu Begleitern menschlicher Siedlungen, sobald das Nahrungsangebot es zuließ. Von den 10 Weihenarten sind 3 in unserem Raum Brutvögel, von den weltweit 2 Milanarten sind beide bei uns heimisch.

Habichte (und Sperber)

Mit weltweit 47 Arten ist die Gattung *Accipiter*, zu der sowohl Habicht als auch Sperber gehören, eine äußerst erfolgreiche, zahlenmäßig nur noch von den Falken übertroffene Gattung. Habichte verkörpern den eigentlichen Greifvogel. Von Statur klein bis mittelgroß, sind es geübte Wald- und Buschjäger. Sie sind Überraschungsjäger in unübersichtlicher Landschaft und von großer Wendigkeit und Schnelligkeit. Ihre abgerundeten breiten Flügel und die relativ langen Schwänze sind dafür bestens geeignet.

Falken

Falken sind Greifvögel von einheitlichem Körperbau. Sie besitzen spitze Flügel und schmale, lange Schwänze, die rasante Flugjagd mit Sturzflug-Angriffen hervorragend ermöglichen. Von den anderen Greifvögeln unterscheiden sie sich ferner durch den sogenannten Falkenzahn am Oberschnabel und den entsprechend gekerbten Unterschnabel, durch ein rundliches Nasenloch, durch die rötliche Farbe ihrer Eier und den Ablauf ihrer Schwingenmauser. Falkenaugen sind dunkel. Bis auf den Rotfußfalken haben unsere adulten Falken gelbe Fänge. Die Weibchen sind größer als die Männchen.

Falken bauen kein eigenes Nest, sondern nutzen Nester anderer Vögel oder andere feste Unterlagen. Ihre Beute halten sie beim Fressen mit nur einem Fang, und ihren Kot spritzen sie nicht wie andere Greifvögel im hohen Bogen von sich weg, sondern lassen ihn schlicht unter sich fallen.

Systematisch sind alle Falken eng miteinander verwandt und werden daher innerhalb der Familie der Falken (Falconidae) fast allesamt in eine Gattung *(Falco)* gestellt. Falken fehlen nur in der Antarktis und auf weit vom Festland entfernten Inseln. Von den rund 52 Falkenarten, die es auf der Welt gibt, kommen 9 in Europa vor, 8 davon in Mitteleuropa. Von ihnen brüten aber in Mitteleuropa regelmäßig nur 4: Wanderfalke, Würgfalke, Baumfalke und Turmfalke.

Eulen

Körperbau der Eulen

Eulen wirken menschlich. Denn sie sind von aufrechter Statur, und die Augen sind nach vorn gerichtet. Auch der Lidschlag ist wie der unsrige: Das obere Augenlid wird herabgezogen, wenn die Eule blinzelt. Aber da, wo bei uns die Nase sitzt, befindet sich bei den Eulen der scharfe, zum Töten und zum Aufschneiden der Beute eingerichtete

Der Steinkauz mustert uns unverwandt; so sah man ihn bei den alten Griechen auf der Schulter der Weisheitsgöttin Pallas Athene sitzen.

Schnabel. Viele Eulen haben die Gewohnheit, der Beute mit der Schnabelspitze das Gehirn einzudrücken. Der Uhu hingegen tötet, indem wie bei Greifvögeln die Fänge »durchgreifen«.
Eulen gleiten lautlos durch die Nacht. Ihr kleiner Körper wird vom lockeren, weichen Federkleid eingehüllt, so dass sie wesentlich größer wirken als sie sind. Die Federn sind auf den Oberflächen samtartig weich, und die Innenfahnen kann man behaart nennen. Damit während des Fluges an der Flügelkante keine lauterzeugenden Abriss-Luftwirbel entstehen und die ebenfalls Geräusche produzierende Vibration gesenkt wird, haben Eulen an den Außenfahnen der äußersten Handschwingen eine Säge-Struktur. Sie beeinflusst beim Flug die entgegenströmende Luft derart, dass sich keine Geräusche erzeugenden Wirbel ablösen. Die verhältnismäßig großen Flügelflächen senken nicht nur die Flächenbelastung und wirken dadurch ebenfalls geräuschsenkend, sondern sie führen auch zu energiegünstigerem Fliegen.

Die Sinnesorgane

Vögel sind Augentiere, und die Bedeutung ihrer Augen im Sinnesleben wird ersichtlich bei der Feststellung, dass die Augen rund 15% des Kopfgewichts ausmachen. Im Vergleich müssten wir wahre Trollaugen haben, um mit ihnen gleichzuziehen. Eulen können zwar ihre Augen nicht bewegen (sie sitzen fest in ihrer langgestreckten, tubenförmigen Höhlung), sie können dafür aber ihren Kopf um gut 270 Grad drehen. Davon machen sie bekanntlich ständigen Gebrauch. Sie können so rundum sehen, wenn sie es wollen, obgleich ihr Blickfeld kleiner als das unsrige, nämlich 110–180 Grad ist.

Weit auseinander liegende Augen ermöglichen perspektives Sehen, der Gesichtsschleier optimales Hören.

Die Fähigkeit perspektivisch zu sehen, ist Voraussetzung dafür, Abstände zu Gegenständen, zur Beute genau berechnen zu können. Sie ist bei den Eulen so gut ausgebildet wie beim Menschen, wenn auch auf andere Weise. Wie bei uns die Nase, so ist auch bei ihnen der Schnabel zurückgenommen, so dass er die Sicht nicht stört. Um auch bei kleinen Eulen das perspektivische Sehen optimal zu ermöglichen, haben die kleinen Eulen relativ größere und rechteckigere Köpfe als die größeren Eulen; so bleibt ein genügend großer Abstand zwischen den Augen gewahrt.

Auch Eulen brauchen Licht zum Sehen. In vollkommener Dunkelheit sind sie blind. Dass sie in der Dunkelheit, in der wir extrem wenig oder gar nichts mehr sehen, dennoch sehen, liegt daran, dass ihre Augen zigmal besser ausgerüstet sind als unsere und daher noch minimale Lichtquellen nutzen können. Die Hornhaut, das Fenster für den Lichteintritt, ist so groß angelegt, wie es anatomisch maximal möglich ist. Die runde Linse bildet auf der nahe gelegenen Netzhaut ein scharfes Bild ab. Die muskulöse Regenbogenhaut (die Iris) wirkt als verstellbare Blende, so dass nur so viel Licht in die Linse vordringt, wie zum Sehen erforderlich ist. Denn bei zu viel Lichteinfall (tagsüber) wird die Netzhaut beschädigt, was schließlich zu Blindheit führen kann. Betrachten wir am Tage eine Eule, so fällt uns sofort auf, dass deshalb die Pupille winzig ist. In der Nacht öffnet sie sich, und die Iris bleibt nur noch als schmaler Ring sichtbar. Wir kennen alle das Prinzip von der Kamera: Je nach Lichteinfall verringern oder vergrößern wir die Blende.

Eulen können Entfernungen sehr gut einschätzen. Hierzu nutzen sie gezielt wegen der unbeweglichen Augen ihre uns oft zum Lachen reizenden Körperbewegungen, z. B. das Hin und Her des Kopfes, der auch in Schräglage von 90 Grad gehalten wird, sowie ihre »Kniebeugen«, ein Auf und Ab des Körpers.

Eulen hören ausgezeichnet, sie können »die Flöhe husten hören«, dank der hohen Zahl der dem Gehör zugeordneten Nervenzellen. Ihre Ohren ermöglichen das genaue Orten der Beute im Raum. Eine Eule dreht dabei den Kopf so lange, bis die Lautstärke in beiden Ohren gleich ist. Dann befindet sich die Beute in gerader Linie vor der Eule, und ihr Angriff führt sie geradewegs ins Ziel. Kurz vor dem Ziel werden die Beine und die Krallen nach vorne gestreckt und der Kopf zurückgezogen, so dass die Augen in sicherer Entfernung vom Geschehen bleiben. Direkt vor dem Zugriff werden die Augen zudem geschlossen.

Der große Gesichtsschleier dient als Verstärker, ist gewissermaßen der Parabolspiegel der Eulen. Hinzu kommt, dass Eulen – im Gegensatz zu Greifvögeln – so nah wie möglich an der erwarteten Beute ansitzen: Das verringert Hörverluste durch die Entfernung. So hat man beim Raufußkautz beobachtet, dass die Ansitzhöhe nur zwischen 1,7 m und 3,3 m schwankt. Sieht man eine Eule hoch im Baum sitzen, so befindet sie sich auf ihrem Ruheplatz, nicht aber auf dem Jagdansitz.

Biologie

Eulen sind Höhlenbrüter oder aber sie nutzen Nester anderer Vögel. Nur wenige Arten weichen davon ab. So sucht sich der Uhu überdachte Plätze: Simse, Felskanten, aber auch ebenerdige. Gänzlich ebenerdig liegt das Nest der Schnee-Eule, was verständlich ist in einer praktisch baum- und strauchlosen Landschaft. Höhlenbrütende Eulen nehmen ohne weiteres passend große Nistkästen an. Dies ermöglicht es, auch dort eine Eulenpopulation zu erhalten oder anzusiedeln, wo es für sie zwar genügend Nahrung gibt – denn Mäuse sind fast überall –, es aber an Höhlen mangelt, wie in modernen Wirtschaftsforsten.
Eulen tragen ein Federkleid, dessen Farben und Muster sie tagsüber perfekt tarnen, denn tagsüber brauchen sie ihre Ruhe und ihren Schlaf. Die sehr hellen bis weißen Federn etwa der Schnee-Eule tarnen sie auf dem Nest am Erdboden im »ewigen« Licht der Polarnacht genauso gut. Sie verschmelzen vollkommen mit ihrer Umgebung. Doch nicht alles im Leben der Eulen hat sich an die Umgebung angepasst: Die Eier der Eulen sind weiß und rundlich und damit Höhlenbrüter-Eier, doch die Eier jener Arten, die am Boden brüten oder auf offenen Felssimsen, sind auch weiß geblieben. Da das Weibchen sehr fest auf den Eiern brütet, ist das Beibehalten der weißen Eifarbe offenbar kein ernster Nachteil geworden.

Die Schleiereule hat beim Brüten einen großen Raumbedarf, weshalb sie sehr große Nistkästen benötigt.

Eulen unterscheiden sich von Greifvögeln auch noch in anderer Hinsicht: Eulen haben keinen Kropf; die Knochen der verschluckten Beute lösen sich nicht im Magensaft auf, sondern werden mit den Gewöllen wieder ausgewürgt, da sie sich nur kurze Zeit im Magen befinden. Deshalb ist es sehr leicht, anhand der Gewölle die Nahrung der Eulen zu bestimmen. Nestlinge verdauen jedoch die Knochen ganz; der Kalziumbedarf ist bei ihrer Schnellwüchsigkeit auch besonders hoch. Die Jungen schlüpfen aus dem Ei mit geschlossenen Augen und Ohren, Greifvögel mit offenen.

Gefährdung und Schutz von Greifvögeln und Eulen

Einordnung in die Rote Liste

Rote Listen als Verzeichnisse gefährdeter, im Lande sich fortpflanzender Arten gibt es inzwischen für viele Tier- und Pflanzengruppen. Sie haben sich für naturschützerische Belange und Bewertungen durchgesetzt und werden als gutachterliche Grundlage behördlicher Entscheidungen genommen.

Einstmals waren bis auf den Mäusebussard und den Turmfalken alle Greifvögel und ebenso die Mehrzahl der Eulen Deutschlands, Österreichs und der Schweiz eingeordnet. Glücklicherweise konnten viele Arten seither aus den Roten Listen entlassen werden, da ihr Status durch konsequenten Schutz und auch – wie etwa beim Wanderfalken – durch Zucht und Auswilderung sich zum Guten verändert hat.

Bisher hatten Rote Listen allerdings einen Nachteil: In sie wurde eine Art erst aufgenommen, wenn die Gefährdung schon eingetreten war. Daher wurde 1996 in die neueste deutsche Rote Liste eine neue Kategorie V als Vorwarnstufe eingeführt, sodass man künftig nicht nur zur Nachsorge angehalten, sondern auch zur Vorsorge aufgefordert wird. Ein gutes Beispiel ist der Rotmilan (siehe S. 22). Er ist nicht gefährdet. Da er jedoch eine auf Europa beschränkte Art ist, von der in Deutschland über 75 % des Weltbestandes heimisch ist, gleichzeitig durch die gewaltige Umstrukturierung der Landwirtschaft in Mitteldeutschland seine Ernährungsgrundlage infrage gestellt ist, ist es ratsam, seine Entwicklung schon heute genau zu verfolgen. Unter Umständen sind bereits heute unterstützende Maßnahmen angebracht.

In diesem Feldführer wird bei den gefährdeten Arten ihre Einstufung gemäß der Roten Liste der Bundesrepublik Deutschland unterhalb des Artnamens vermerkt.

Wie können wir unseren Greifvögeln und Eulen helfen?

Es ist sicherlich sinnvoll, hier daran zu erinnern, dass aktiver Schutz unserer Greifvögel und Eulen von vielen naturkundlichen Vereinen in unseren Ländern seit Jahrzehnten betrieben wird. Äußerst bewährt hat sich die Horstüberwachung, wie sie z. B. bei Seeadlern, Uhus und Wanderfalken geschieht. Nicht weniger wichtig ist der Schutz von Horstbäumen samt ihrer Umgebung, die Anbringung von Nistkästen bei Steinkauz, Schleiereule und Turmfalke, die Winterfütterung für See- und Steinadler sowie für die Schleiereule, schließlich die Ausbesserung und Pflege großer offener Greifvogelhorste in Bäumen.

Das Mitmachen in naturkundlichen Gruppen und Vereinen eröffnet nicht nur diese Möglichkeiten aktiven Helfens, es bereichert zugleich durch das gemeinsame Erleben von Natur und die zwangsläufig einsetzende ständige Erweiterung des eigenen Wissens.

Wichtige Gefiederbezeichnungen

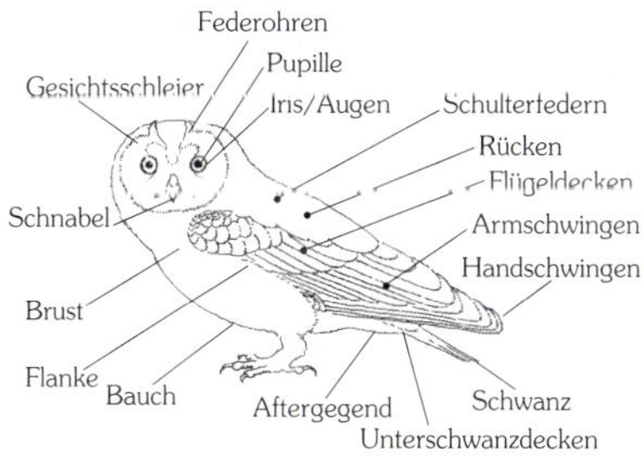

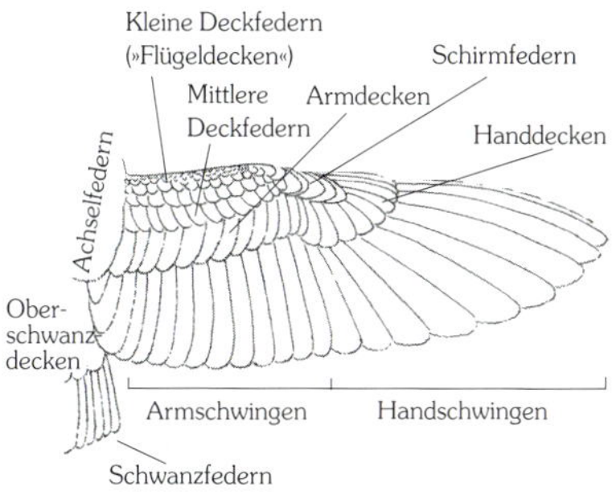

Wespenbussard
Pernis apivorus

Wespenbussard

Mäusebussard

Die Wespenbussarde kommen erst nach dem Laubaustrieb zurück und beginnen deshalb erst spät mit dem Brüten. Eiablage in Mitteleuropa Mitte Mai bis Mitte Juni. Kaum sind die Jungen Ende August/Anfang September selbstständig, beginnt schon der Herbstzug ins afrikanische Winterquartier. Offenbar übersommern die Jungvögel in Afrika und kommen erst im nächsten Frühjahr wieder heim. Da Wespenbussarde am Horst heimlich und schweigsam sind, sieht man sie meist nur im Fluge. **Merkmale:** 52–58 cm, Spannweite 135–150 cm. Leicht mit dem Mäusebussard zu verwechseln, hat aber einen kleineren, taubenartigen Kopf und längere Flügel. Wichtigstes Unterscheidensmerkmal sind die Schwanzbinden: Der Mäusebussard hat neben einer breiten Endbinde viele schmale Binden. Beim Wespenbussard fallen neben der breiten Endbinde eine ganze und eine unterseits durch das Aftergefieder unterbrochene kräftig dunkelbraune Querbinde auf; diese 3 Binden sind diagnostisch (s. Grafiken). Zudem ist der zierliche Kopf des Männchens aschgrau (nur sehr selten weiß); das Weibchen hat meist einen schokoladenbraunen Kopf. Es bedarf spezieller Übung und Bestimmungshilfen, um die Feinheiten der unterschiedlichen Kleider von Altvögeln und Jungvögeln sicher anzusprechen. **Vorkommen:** Brutvogel von Ostengland und Portugal ostwärts bis Westsibirien und Japan. Waldbewohner. Lichtungen, Kahlschläge und Wiesen müssen angrenzen, denn Jagdhabitat sind die Grenzgebiete zwischen Wald und offenen Flächen, wo die Wespen ihre Nester bauen. **Nahrung:** Larven, Puppen und Imagines von Wespen (und Hummeln) zu 2 Dritteln; sie sind ab Mitte Juni ausreichend verfügbar; vorher und bei Schlechtwetter dominieren als Beute nicht flügge Vögel und Frösche. Frisst wenig Kleinsäuger sowie andere Insekten. Die Wespen- und Hummelnester findet er beim Suchflug oder beim Ansitzen, viele andere Beute zu Fuß. Mit seinen gut dafür geeigneten Füßen und dem Schnabel gräbt er die Nester aus. Gegen Stiche ist er geschützt: Steife Borstenschuppen bedecken die nackten Hautstellen, und die Nasenöffnungen sind nur Schlitze. **Fortpflanzung:** Lebenslange Ehe. Das Paar baut seinen mit grünen Zweigen ausgeschmückten Horst gut getarnt in Waldbäume. Gelege: 2 Eier. Brutzeit 30–35 Tage, beide Eltern brüten. Nestlingszeit 33–46 Tage. In den ersten Wochen füttert überwiegend das Weibchen, das Männchen beteiligt sich am Hudern und Beschatten der Brut. Wenn die Jungen rund 3 Wochen alt sind, beginnt das Weibchen ebenfalls Beute zu bringen. Die ausgeflogenen Jungen werden etwa 2 weitere Wochen geführt.

Schwarzmilan

Milvus migrans

Flugbild (Unterseite)

Segelflug

Unsere 2 Milan-Arten sind bussardgroße, schlanke Greifvögel mit langen Flügeln und langen, mehr (Rotmilan) oder weniger (Schwarzmilan) gegabeltem Schwanz (»Gabelweih«). Milane sind nicht nur Aasliebhaber, sondern auch durch ihre sagenhafte Wendigkeit im Fluge in der Lage, weitaus mehr Gelegenheiten zum Beutefang auszunutzen, als es anderen Greifvögeln möglich ist. Sie sind bei uns mit Abstand die jagdtechnisch vielseitigsten Greifvögel. Bestandsgefährdend wird ihnen allerdings unser Sauberkeits- und Ordnungssinn: Abgedeckte Mülldeponien, spiegelblanke Schlachthöfe, rapider Rückgang der Misthaufen, Konzentration der bäuerlichen Betriebe auf ein oder wenige Produkte schmälern den Speisezettel. Es wird vor allem für unseren Rotmilan kritisch. **Merkmale:** 48–56 cm, Spannweite 160–180 cm. Schwanz des dunkelbraunen Schwarzmilans nur schwach gegabelt und deutlich dunkel quergebändert (s. Grafik). Flugbild von unten fast einheitlich schwarzbraun. Je nach Licht treten die hellen Felder der Hand hervor. Auf der Flügeloberseite bilden die helleren mittleren Deckfedern einen durch den dunklen Rücken unterbrochenen Halbmond, der beim Rotmilan durch die fast genauso hellen kleinen Flügeldecken, Schulter- und Rückenfedern nicht so auffällt (vgl. Fotos rechts und S. 23). Eine Verwechslung mit dem Rotmilan ist durchaus möglich, doch dessen oberseits einfarbig rostroter und unterseits hellbrauner Schwanz ist eindeutiges Kennzeichen. Jungvögel hingegen sind schwerer unterscheidbar; gelegentlich kommt es auch zu Bastardierungen beider Arten. **Vorkommen:** In der gemäßigten und heißen Alten Welt sehr weit verbreitet und häufig. In Europa haben Deutschland, Frankreich und die Schweiz sowie Russland gute Bestände. Wassernähe liebend, aber nicht von ihr abhängig. Offene Waldlandschaften, Hangwälder. In vielen Gegenden außerhalb Europas Stadtbewohner. Zugvogel. **Nahrung:** Fische, von der Wasseroberfläche gegriffen; Vögel, Aas, Kleinsäuger, organische Abfälle sowie Kleintiere jeglicher Art. Jagt im flachen Segelflug mit deutlich gewölbten Schwingen (s. Grafik) sowie zu Fuß in offenem Gelände. **Fortpflanzung:** Baumbrüter in Wäldern. Beide Eltern bauen den Horst; die Nestmulde wirkt durch das Eintragen von Papier, Plastikteilen und Ähnlichem wie ein Müllhaufen. Gelege meist 2–3 (4) Eier, überwiegend vom Weibchen bebrütet. Brutdauer 28–32 Tage, Nestlingszeit 42–45 (52) Tage. Das Männchen bringt die Nahrung für Weibchen und Nestlinge herbei. Jungenführung weitere 40–50 Tage, wobei die Nahrung vor allem vom Männchen herbeigeschafft wird.

Rotmilan

Milvus milvus

Vorwarnstufe

Rotmilan

Schwarzmilan

Da der Rotmilan ausschließlich in Europa vorkommt und da Deutschland über 75% des Gesamtbestandes beherbergt, haben wir gegenüber diesem herrlichen Greifvogel eine besondere Verantwortung. Rotmilane sind wie der Schwarzmilan äußerst anpassungsfähig und »hart im Nehmen«, aber auch sie müssen einen »gedeckten Tisch« vorfinden und leicht erreichbare Nahrung dazu. Durch die gewaltige Modernisierung der mitteldeutschen Landwirtschaft fehlt es zusehends an beidem, und der deutsche Bestand hat in den letzten 3 Jahren um rund 1 Drittel abgenommen. Kurz: die Alarmglocken schrillen. **Merkmale:** 60–65 cm, Spannweite 175–195 cm. Das entscheidende Merkmal ist der oberseits einfarbig rostrote Schwanz. Seine Gabelung ist normalerweise gut erkennbar (s. Grafik). Flügel beiderseits farb-kontrastreich: schwarz (Flügelspitzen), weiß (untere Handschwingen), dunkelbraun (Armschwingen) und rostrot (kleine Flügeldecken). Die mittleren Flügeldecken bilden oberseits einen hellen, halbmondförmigen Kreis wie beim Schwarzmilan, doch das Rostrot des Rückens und der kleinen Flügeldecken kennzeichnet Rotmilane sofort. Tiefe, elastische Flügelschläge, weihenartig fliegend. **Vorkommen:** Europa, maximal 33000 Brutpaare. Neben Deutschland und der Schweiz beherbergen Frankreich und Spanien starke Bestände. Erfreulich die starke Entwicklung im schwedischen Schonen von ca. 60 auf 700 Paare 1996 in nur 20 Jahren. Jagd-Habitate sind die Kultursteppe, fischreiche Seen, Mülldeponien, d.h. überwiegend von Menschen beeinflusste Landschaften. Zugvogel, ein kleiner Teil überwintert neuerdings bei uns. In Großbritannien entsteht durch Verfrachtung junger Vögel aus Deutschland und Schweden inzwischen ein lebensfähiger Bestand, der jetzt 150 Paare zählt. **Nahrung:** Kleine Wirbeltiere aller Art, von der Wühlmaus bis zum Fisch. In Mitteldeutschland bevorzugt Hamster. Ferner Aas (Verkehrsopfer!) und organischer Abfall; Insekten, Regenwürmer. Jagt im tiefen Suchflug über offener Landschaft und auch zu Fuß. **Fortpflanzung:** Baumbrüter in Wäldern. Beide Eltern bauen den Horst oder bessern fremde Horste aus. Die Horstmulde gleicht wie beim Schwarzmilan einer Müllhalde. Gelege 2–3 (4) Eier. Normalerweise brütet das Weibchen. Brutdauer 31–32 Tage. Nestlingszeit 40–50 Tage. Das Männchen bringt die Nahrung für Weibchen und Nestlinge in den ersten Lebenswochen allein herbei, danach beteiligt sich das Weibchen an der Jagd. Führungszeit weitere rund 4 Wochen.

Seeadler

Haliaeetus albicilla

gefährdet

1. Kleid

3. Kleid

Als Folge intensiver, jahrzehntelanger Schutz- und Pflegemaßnahmen erfreut sich der Seeadler heute einer Beachtung, die sich deutlich von jener unterscheidet, die ihn fast ausgerottet hätte. Keine Kugel gilt ihm mehr, kein Schlageisen zertrümmert mehr seine Beine, Eier- und Jungadlerdiebe werden energisch verfolgt, die Gefahren durch Pestizide sind deutlich verringert worden. Heute ist es bei uns wieder möglich, an geeigneten Plätzen ganze Trupps von Seeadlern beisammen zu sehen, und selbst seinen Brutplatz kann man an bestimmten Stellen schon vom Fenster aus beobachten. Am Seeadler wird auch erfahrbar, welche Bereicherung des Gemüts uns der Schutz der Natur und ihrer Lebewesen beschert. **Merkmale:** 80–95 cm, Spannweite 200–240 cm. Seeadler sind groß, schwer und massig. Sie sind sogar etwas größer als der sogenannte »König der Lüfte«, der Steinadler. Der riesige dunkelbraune Vogel ist im Fluge unverkennbar: Der Kopf ist weit vorgestreckt, die langen, breiten Flügel kontrastieren mit dem sehr kurzen Schwanz, der beim Altvogel charakteristisch weiß gefärbt ist. Unverkennbar ist der gewaltige Schnabel, der nur im 1. und 2. Jugendkleid nicht gelb ist. Jungvögel tragen während ihrer zweijährigen Entwicklung wechselnde Kleider (vgl. Grafiken), wobei der kurze dunkelbraune Schwanz die Konstante darstellt. Auch deren Augenfarbe wechselt mit dem Alter von dunkelbraun (1.–3. Kleid) allmählich zu gelb (= 6. Kleid). Ab 3. Kleid sind Rücken und obere Flügeldecken hellbraun vom dunkelbraunen »Band« der Schwung- und oberen Schwanzfedern abgesetzt. **Vorkommen:** Brutvogel von Grönland bis zum äußersten Ende Sibiriens; in Europa vom Nordkap bis Griechenland. Bestandsschwerpunkte in Europa sind Norwegen, der Ostseeraum und das Wolgadelta. In Norddeutschland und Nordpolen gibt es heute wieder gut 500 Paare. Besiedelte vor 25 Jahren wieder die Lausitzer Teichlandschaft in Niederschlesien und besiedelt nun Sachsen sowie Sachsen-Anhalt. Bei uns Standvogel, im Winter zusätzliche Wintergäste. **Nahrung:** Fische, Wasservögel; Aas, Kleinsäuger. Jagt vom Ansitz aus oder im Suchflug, in Flachwasser auch zu Fuß. Tauchvögel jagt er, bis sie erschöpft sind und sich greifen lassen. Nahrungsschmarotzer bei Großvögeln. **Fortpflanzung:** Geschlechtsreif mit 5 Jahren. Baumbrüter. Beide Eltern bauen und bessern den Horst aus. Das Weibchen brütet, wird aber vom Männchen täglich für längere Zeit abgelöst. Gelege 1–3 Eier. Brutdauer 34–42 Tage. Die Nestlinge werden in den ersten 2 Lebenswochen ständig bewacht. Beide Eltern jagen. Nestlingszeit 80–90 Tage. Führungszeit etwa 1–2 weitere Monate.

Schmutzgeier

Neophron percnopterus

Flugbild

Ausdauernder Suchflieger über manchmal weite Entfernungen. Mit seinem schwachen Schnabel ist er auf kleine Beute angewiesen. Lebt in offenen, trockenen Landschaften mit Felsen und guter Thermik (Segelflieger!). **Merkmale:** 58–65 cm, Spannweite 160–170 cm. Klein, wenig größer als ein Mäusebussard. Charakteristisch der keilförmige, weiße Schwanz und der spitze Kopf mit dem gelben Gesicht. Gefieder weiß, Schwungfedern unterseits schwarz, oberseits schwarz und weiß gestreift. Fänge gelb, Klauen schwarz. Jungvögel dunkelbraun, oberseits weißlich gestreift. Im Laufe der 4 Jugendjahre wird das Gefieder immer heller und gescheckter. Verwechseln kann man Schmutzgeier nicht. **Vorkommen:** Brutvogel Südeuropas, ostwärts bis Zentralasien; Zugvogel. Ferner in Afrika, dem Orient und Südasien beheimatet. Die Jungvögel bleiben oft den Sommer über im Winterquartier. In Europa in Spanien rund 1300 Paare; im übrigen Europa vielleicht 1000 Paare; Türkei: häufig. **Nahrung:** Kleineres Aas und Abfälle aller Art, Exkremente (daher sein Name), lebende Insekten. **Fortpflanzung:** Einzel- und Koloniebrüter in Felsen und Erdabhängen, selten in Baumnestern. Beide Eltern bauen. Gelege 2 Eier. Brutdauer 42 Tage, beide Eltern brüten und füttern die Nestlinge. Nestlingszeit 90–95 Tage.

Gänsegeier

Gyps fulvus

ausgestorben oder verschollen

Flugbild

Gemeinschafts-Spähjäger. Da von der Thermik abhängig, lebt er in schluchtenreichen offenen Landschaften. **Merkmale:** 96–110 cm, Spannweite 243–270 cm. Sehr groß, mit dünnem, langem Hals, der aus der Halskrause hervorragt. Hals und Kopf weiß. Oberseits milchkaffeebraun, Schwungfedern, Handwurzeln dunkelbraun. Unterseits Körper auf hellem Grund dunkelbraun längsgestreift, Flügeldecken abwechselnd mit hell- und dunkelbraunen Bändern. Schnabel hornfarben, Füße dunkel bräunlich- bis blaugrau. **Vorkommen:** Von Südeuropa und Marokko bis Assam, südwärts bis zur Arabischen Halbinsel und nach Indien. In Europa in Spanien (8100 Paare) und Griechenland (rund 450 P.); Türkei maximal 1000 Paare. In Österreich durch frei fliegende Zoovögel (Salzburg) 1 Brutpaar, jedoch übersommern gut 50 Gänsegeier in den Hohen Tauern. Brutvogel in Kroatien (etwa 150 P.) sowie auf Sardinien. Wurde in den Cevennen angesiedelt, in Frankreich daher etwa 220 Paare. Jahresvogel, Jungvögel Teilzieher. **Nahrung:** Aas, daher angewiesen auf extensive Weidewirtschaft. **Fortpflanzung:** Felsbrüter, Winterbrüter, Koloniebrüter. Lebenslange Ehe. Beide Eltern bauen den Horst, brüten und füttern den einzigen Nestling. Brutzeit 48–54 Tage. Nestlingszeit 110–115 Tage, weitere Wochen Führungszeit.

Bartgeier

Gypaetus barbatus

Flugbild

Wurde in den Alpen schon früh durch Verfolgung und durch mit Strychnin vergiftetes Aas gegen Wolf und Fuchs ausgerottet. Es wird durch Zucht und Auswilderung versucht, ihn wieder einzubürgern. **Merkmale:** 100–120 cm, Spannweite 250–280 cm. Sehr groß, Flügel lang und spitz, Schwanz lang, keilförmig. Oberseits dunkel blaugrau, ebenso Flügelunterseiten und Schwanz. Körperunterseite hell rostbraun, ebenso der Kopf, mit schwarzem Bartstreif und Bart. Jungvögel dunkel graubraun. Das Alterskleid wird im 5.–6. Lebensjahr erreicht, wobei ab 2. Lebensjahr die Körperunterseite heller wird, der Kopf aber bis zum 4. Lebensjahr dunkel bleibt. **Vorkommen:** Steile Gebirge oberhalb 1000 m, bis Zentralasien und Südafrika. In Europa in den Pyrenäen (75 Paare), in Georgien (bis 25 P.); wenige Paare in Mazedonien, auf Kreta, Korsika. Standvogel. Jungvögel zerstreuen sich. **Nahrung:** Knochen; Fleisch frisch toter Tiere. Der einzige Geier, der lebende Wirbeltiere jagt, etwa Landschildkröten, oder schwache Tiere mit Flügelschlägen in den Abgrund treibt. **Fortpflanzung:** Lebenslange Ehe; beide Eltern bauen den Horst in Felswand oder -höhle. Gelege 1–2 Eier, bereits Ende Dezember/Anfang Januar. Beide Eltern brüten, 55–60 Tage lang. Nestlingszeit 100–110 Tage. 1 Junges kommt hoch.

Schlangenadler

Circaetus gallicus

ausgestorben oder verschollen

Flugbild

Merkmale: 63–70 cm, Spannweite 185–195 cm. Ein kleiner Adler, deutlich größer als Mäusebussard. Unverwechselbar: unterseits weiß bis cremefarben, mit schmaler, dunkler Bänderung unterschiedlicher Anzahl und Intensität. Kopf, Vorderbrust schokoladenbraun. Schwanz mit wenigen Querbinden (3 sind gut sichtbar). Oberseits dunkelbraun, doch Flügeldecken und Rücken in der Regel hellbraun. Eine schmale, helle Flügelbinde kann ausgeprägt sein. **Vorkommen:** Von Portugal und Marokko bis Indien. Gebunden an schlangenreiche Biotope, z. B. Hochmoore, Kahlschläge, Heiden. Zugvogel. In Mitteleuropa nur noch Brutvogel im östlichen Polen (20–30 Paare), Ungarn (50 P.), Slowakei (20–30 P.), Slowenien (10–15 P.). Gute Bestände im warmen Süden Europas. **Nahrung:** Eine Schlangenadler-Familie frisst täglich mindestens 5 Schlangen. Fehlen diese, schlägt der Schlangenadler Jungvögel und Kleinsäuger. **Fortpflanzung:** Baumbrüter; beide Eltern bauen den kleinen Horst am liebsten auf die Baumspitze. Auch alte Nester von Krähen und Greifvögeln annehmend. Das einzige Ei wird überwiegend vom Weibchen bebrütet; Brutdauer 46–48 Tage, Nestlingszeit 70–80 Tage. Das Weibchen jagt mit, wenn der Nestling etwa 1 Monat alt geworden ist. Führungszeit etwa 1 Monat.

Rohrweihe

Circus aeruginosus

Foto: Weibchen am Nest

Flugbild, Männchen

Weihen sind elegante Flieger und Vögel der offenen Landschaft, ihr Brutleben aber läuft gut versteckt im Halmenmeer des Schilfwaldes oder der Getreidesteppen ab, wodurch die Bruten bei der Getreideernte extrem gefährdet sind. Die Rohrweihe wählt jedoch gottseidank Getreide- und Rapsfelder bisher nur in Ausnahmefällen, sodass bei uns Rohrweihe und Schilfwälder zusammengehören. **Merkmale:** 45–55 cm, Spannweite 115–130 cm. So groß wie ein Bussard, aber hält beim Gleitflug die Flügel in V-Form und ist schlanker. Weihen erkennt man leicht am schaukelnden Suchflug, wobei oft die Beine herabbaumeln. Von unseren 3 heimischen Arten ist die Rohrweihe die größte. Weibchen und Jungvögel sind leicht durch ihr braunes Gefieder erkennbar; die Farbe des Oberkopfes ist bei Weibchen weißgelblich, rostgelb bei Jungvögeln. Die Weibchen zudem mit gelblichweißen Vorderflügeln. Das Männchen ist dreifarbig: Flügelspitzen schwarz (wie alle Weihen-Männchen), Körper rotbraun mit Längsstreifung (doch unterseits gelegentlich rein weiß), ebenso die kleinen und mittleren Flügeldecken, alles Übrige ist grau (s. Grafik). Junge Männchen mit braunen Unterflügeldecken; ab 2. Lebensjahr wie adulte Männchen, jedoch insgesamt dunkler. **Vorkommen:** Von Ostengland bis Sachalin und Hokkaido. An Wasser gebunden und dort zur Brutzeit an Rohrwald. Das Jagdrevier kann hingegen riesig sein. Weit verbreitet. Siedelt auch in Menschennähe und an kleinsten Wasserflächen, wenn nur Schilf da ist, seitdem die Verfolgung aufgehört hat. Zugvogel. **Nahrung:** Kleinnager und (vor allem junge) Vögel, weniger Frösche. Der Speisezettel ist abhängig vom Angebot. Jagt im tiefen Suchflug. Bei der Wasserjagd ermattet eine Rohrweihe die tauchenden Vögel so lange, bis sie sie greifen kann. **Fortpflanzung:** Bodenbrüter im Schilf. Das Weibchen baut den Horst. Gelege 3–6 Eier. Das Weibchen brütet 31–34 Tage. Das Männchen versorgt das brütende Weibchen und bringt in den ersten Lebenswochen auch das Futter für die Nestlinge; das Weibchen füttert. Nestlingszeit 30–40 Tage, wobei das Männchen oft schon die Familie früher verlässt. Maximal 20 % der Männchen haben übrigens 2 Weibchen und 2 Bruten.

Kornweihe

Circus cyaneus

vom Aussterben bedroht

Foto oben: Männchen

Foto unten: Weibchen

Flugbild, Weibchen

Kornweihe
Kopf Weibchen

Wiesenweihe
Kopf Weibchen

In Amerika ist die Kornweihe die einzige Weihe, in Eurasien gibt es gleich 4 Weihenarten. Das macht hier die Bestimmung der Arten schwierig, zumal Weibchen und Jungvögel sich alle sehr ähneln. Es hat schon erfolgreiche Mischbruten zwischen der Kornweihe und der östlichen Steppenweihe gegeben, ebenso zwischen Wiesenweihe und Steppenweihe. **Merkmale:** 45–55 cm, Spannweite 99–121 cm. Männchen grau, mit schwarzen Flügelspitzen, Bürzel und Unterkörper weiß, untere Flügelhinterkante dunkelgrau abgesetzt. Weibchen kräftig braun gebändert, unterseits auf hell lehmfarbenem Grund; Bauch ungestreift (vgl. Grafik). Schwanz mit 4 prominenten dunkelbraunen Binden, Bürzel deutlich weiß. Jungvögel oberseits dunkelbraun, untere Flügeldecken und Unterkörper oft rotbraun, ansonsten wie adulte Weibchen. Jungvögel von Korn- und Wiesenweihe sind auf Anhieb nicht zu unterscheiden, es sei denn am offenen weißen Halskragen der Kornweihe. Leichte Verwechslung auch der Weibchen von Korn- und Wiesenweihe (s. Grafiken und S. 34). Im Flug Flügel in V-Form haltend. **Vorkommen:** Von Irland bis Kamtschatka, in beiden Amerikas. Offenes Flachland jeglicher Art, von trocken (Heide) bis nass (Flachmoore), mit oder ohne Büsche, sowie in der Kultursteppe. Zugvogel, der schon im milden West- und Südeuropa überwintert, Nordeuropäer dafür bei uns. In Deutschland Brutvogel in geringer Zahl (rund 150 Paare). Kein Brutvogel der Schweiz, Österreichs und Ungarns. **Nahrung:** Kleinsäuger bis zur Größe von jungen Kaninchen und Kleinvögel. In Feldmausjahren kann die Feldmaus bis zu 90% der Nahrung stellen. Jagt in tiefem Suchflug mit stetigen Flügelschlägen, selten aus dem Stand. **Fortpflanzung:** Bodenbrüter; Horst in höherer Vegetation. Vor allem das Weibchen baut den Horst. Männchen praktizieren Vielweiberei, in der Regel mit 2–3 Weibchen, aber bis zu 6 wurden schon nachgewiesen; doch Vielweiberei abhängig vom reichen Nahrungsangebot. Gelege normalerweise 3–6 Eier. Das Weibchen brütet pro Ei 27–37 Tage. Nestlingszeit 31–35 Tage. Das Männchen besorgt die Nahrung für das brütende Weibchen und in den ersten Lebenswochen auch für die Nestlinge. Das Weibchen beschafft Futter mit, sobald die Nestlinge älter sind. Führungszeit 14–21 Tage durch das Weibchen.

Wiesenweihe

Circus pygargus

vom Aussterben bedroht

Foto oben: Weibchen mit Nistmaterial

Foto unten: Männchen

Wiesenweihe
Kopf Weibchen

Kornweihe
Kopf Weibchen

Durch die »gute« Anpassungsfähigkeit an die Kultursteppe sind die Bruten zur Erntezeit der Gräser und des Getreides durch die Erntemaschinen sehr gefährdet. Als zusätzliche Beeinträchtigung kommt die Abnahme an Zahl und Vielfalt der Beutetiere in der intensiv bewirtschafteten Kultursteppe hinzu. Für die Wiesenweihe ist beides eine vertrackte Situation, die selbst bei gutem Willen der beteiligten Menschen nicht leicht zu meistern ist. **Merkmale:** 40–47cm, Spannweite 97–115 cm. Männchen grau, mit schwarzen Flügelspitzen. Im Gegensatz zur Kornweihe zusätzlich mit je einer langen und kurzen schwarzen Armbinde ober- und unterseits sowie mehreren unterbrochenen dunklen Binden auf den unteren Flügeldecken; der weiße Hinterkörper mit rotbraunen Längsstreifen. Weibchen gleicht dem Kornweihen-Weibchen, Jungvögel den Kornweihen-Jungvögeln. Die Unterscheidung ist möglich, aber schwierig: weibliche und juvenile Kornweihen mit weißem Halskragen, weibliche und juvenile Wiesenweihen ohne diesen (s. Grafiken). **Vorkommen:** Von Portugal und Marokko bis Westsibirien. Zugvogel. Ursprünglich Brutvogel in Flachmooren, feuchten Randzonen von Flüssen und Seen, feuchten Heiden; inzwischen auch gut unserer Kultursteppe angepasst: Wiesenweihen brüten in Getreidefeldern und jungen Baumpflanzungen. In Deutschland leben etwa 400 Paare, in Österreich östlich des Neusiedlersees 10–15 P., in Ungarn 100 P.; kein Brutvogel mehr der Schweiz. **Nahrung:** Zur Brutzeit überwiegen Jungvögel; Kleinsäuger, Kleinvögel, größere Insekten, Reptilien, Schnecken. Tiefer Suchflug über offenem Gelände, am liebsten über Wiesen und Weiden. Fängt als einzige unserer Weihen Vögel auch im Fluge. **Fortpflanzung:** Bodenbrüter; Horste gut getarnt vor allem in Röhricht und Bruchwäldern, in Getreide- und Rapsfeldern. Vielweiberei ist häufig. Vor allem das Weibchen baut den Horst. Gelege 3–6 Eier. Das Weibchen brütet pro Ei 28–30 Tage. Das Männchen versorgt das brütende und hudernde Weibchen und die Nestlinge in den ersten 2 Lebenswochen allein. Nestlingszeit 28–35 Tage, selbstständig nach weiteren 2 Wochen.

Habicht

Accipiter gentilis

Foto unten: Jungvogel

Flugbild

Es grenzt an ein Wunder, dass der Habicht in Europa die Massenvernichtung durch direkte Verfolgung und durch die Umweltgifte in den 1960er Jahren überlebt hat und heute wieder gute Bestände aufweist. Doch auch jetzt und künftig bedarf er des unbedingten Schutzes, denn allzu schnell wird er auch heute noch unberechtigterweise als Feind angesehen. **Merkmale:** Weibchen 58–64 cm, Spannweite 108–127 cm; Männchen 50–56 cm, Spannweite 96–105 cm. Weibchen von der Größe eines Mäusebussards, Männchen kleiner. Die gesamte Unterseite ist eng dunkelbraun quergestreift (= gesperbert). Längsgerichtete Schaftstriche geben im Idealfall ein Kreuzmuster. Der lange, abgerundete (beim Sperber hingegen meist glatt abgeschnittene) Schwanz zeigt 4 dunkle Querbinden. Oberseits dunkel graubraun bis schiefergrau; auch an den Backen. Über dem hellroten Auge ein breiter, weißer Augenstreif. Junghabichte sehen ganz anders aus: Sie sind mittelbraun gefärbt und haben unterseits auf beigem Grund sattbraune Längsstreifen (s. Foto unten). Ihr Auge ist gelb. Verwechslung: mit dem Sperber. Es gehört sehr viel Erfahrung dazu, beide Arten im Flug auseinanderzuhalten. Beide haben breite, runde Flügel; der Habicht dazu im Flugbild einen auffallend schmal wirkenden Schwanz (s. Grafik). **Vorkommen:** Von Großbritannien ostwärts bis Kamtschatka und Japan; Nordamerika. In reich gegliederter Wald- und Kulturlandschaft; im Grün der Städte heute oft flächendeckend vertreten. Braucht Deckung. Stand- und Strichvogel, Wintergast aus dem Norden. **Nahrung:** Vögel und Säuger. Es überwiegen Eichelhäher, Elstern, verwilderte Haustauben, Ringeltauben, Drosseln und Kaninchen, womit besonders in unseren Städten und Dörfern für ihn der Tisch reich gedeckt ist. Der Habicht ist der natürliche Feind des Sperbers. Habichte nutzen jegliche Deckung und greifen überraschend an; jagen bodennah. Sein Jagdrevier ist riesig, 5–64 km^2 groß, weshalb sein Bestand leicht überschätzt wird! **Fortpflanzung:** Lebenslange Ehe. Baumhorst, beide Eltern bauen. Gelege 2–5 Eier, das Weibchen brütet. Brutdauer 35–42 Tage. Das Männchen bringt die Nahrung. Nestlingszeit 35–40 Tage. Familienauflösung im Alter von 70–80 Tagen.

Sperber

Accipiter nisus

Foto oben: Männchen

Foto unten: Weibchen

Flugbild

Auch der Sperber war – wie der Habicht – in Europa in den 1950er und 1960er Jahren so dezimiert worden, dass mitunter 90 % des Bestandes vernichtet waren. Einst galt er als unser häufigster Greifvogel; das ist er nicht mehr. Er bedarf auch weiterhin unseres vollen Schutzes, soll er uns erhalten bleiben. Seine natürlichen Feinde sind Baummarder und heutzutage insbesondere der Habicht. **Merkmale:** Weibchen 35–41 cm, Spannweite 68–80 cm; Männchen 27–34 cm, Spannweite 59–65 cm. Ein taubengroßer (Weibchen; Männchen ist kleiner) Greifvogel. Quergestreifte (gesperberte) Unterseite beim Männchen rostbraun, beim Weibchen grau. Männchen oberseits blaugrau bis schiefergrau, Weibchen brauner. Der lange, schlanke, meist gerade abgeschnittene Schwanz zeigt 4 Querbinden wie beim Habicht (s. Grafik). Backen beim Männchen rotbraun. Der weiße Überaugenstreif nur beim Weibchen und Jungvogel vorhanden. Flügel rund; im Fluge wechseln 4–5 Schläge und Gleiten miteinander ab. Auge gelb bis orangerot (beim alten Männchen). Jungvögel ähneln den Alten mehr als beim Habicht und sind brauner. Verwechslung: mit dem Habicht. **Vorkommen:** Das gemäßigte und tropische Eurasien, Nord- und Nordostafrika, soweit es eine halboffene bis offene Wald- oder Kulturlandschaft mit Buschwerk und Hecken gibt; im Grün unserer Städte. Unsere Sperber sind überwiegend Zugvögel; Durchzügler und Wintergäste aus dem Norden. **Nahrung:** Kleinvögel. Hält Spatzen und Amseln kurz, die im Winter fast 50 % seiner Nahrung ausmachen. Blitzschneller, gewandter Heckenjäger, der »durchs Unterholz bricht«, sich dabei aber auch tödlich verkalkulieren kann. Nutzt jegliche Deckung für seinen Überraschungsangriff. **Fortpflanzung:** Baumbrüter, am liebsten in Fichten. Beide Eltern bauen. Gelege 3–6 Eier. Das Weibchen brütet. Brutdauer 33–36 Tage, Nestlingszeit 24–30 Tage. Das Männchen versorgt das Weibchen und die Nestlinge mit Nahrung; das Weibchen jagt erst mit, wenn die Nestlinge älter sind. Jungenführung 20–30 Tage.

Kurzfangsperber

Accipiter brevipes

Flugbild, Männchen

Eine ausgeprägt südosteuropäische Art. **Merkmale:** 32–38 cm, Spannweite 64–80 cm. Ein kleiner, spitzflügeliger Sperber mit rotbraunen (Sperber gelben) Augen. Männchen vom Sperber-Männchen unterschieden durch gelblichweiße, fast konturlose Unterflügel, schwarze Flügelspitzen und die in der Mitte unterbrochenen 5–6 oberen Schwanzbinden (s. Grafik). Weibchen vom Sperber-Weibchen unterschieden durch kräftige rotbraune (statt graue) Querbänderung von Brust und Bauch, durch dunkle Flügelspitzen und die noch stärker unterbrochenen 5–6 oberen Schwanzbinden. Jungvögel Körperunterseite kaffeebraun tropfenförmig längsgefleckt, beim Sperber hingegen quergebändert. **Vorkommen:** Südosteuropa, Türkei, Süd-Ukraine bis Kasachstan, Iran. Zugvogel (Sahelzone). Erreicht Mitteleuropa in Ungarn mit maximal 4 Brutpaaren. Ein Vogel der Laubwälder in Ebenen und Bergen (bis 2000 m Höhe); in Obstplantagen und Buschwerk. **Nahrung:** Kleinsäuger und Eidechsen; große Insekten und Bodenvögel bis Lerchengröße. Jagt in der Dämmerung Fledermäuse. Weihenähnlicher Suchflug, Rüttelflug; gerne an den Wald- und Ortsrändern jagend. **Fortpflanzung:** Baumbrüter. Baut selbst oder nutzt fremde Nester. Brutdauer pro Ei 30–35 Tage. Das Weibchen brütet und füttert die Nestlinge und wird dabei vom Männchen versorgt. Nestlingszeit rund 45 Tage, Führungszeit wohl 2 Wochen. Weitgehend unerforscht.

Adlerbussard

Buteo rufinus

Ein Bussard extensiv bewirtschafteter Trockenzonen. **Merkmale:** 50–65 cm, Spannweite 126–148 cm. Groß; Kopf, Brust, hell; mit ungebändertem, fast weißem Schwanz sowie hellem Handschwingenfeld ober- wie unterseits. Bauch, Bürzel, Handwurzeln, breite Flügelhinterkante dunkel. Oberseits Flügeldecken rotbraun, Armschwingen dunkelbraun. Die Variabilität der 3 Farbmorphen ist groß. Vögel in Mitteleuropa und auf dem Balkan gut bestimmbar, da sie der hier beschriebenen mittleren Morphe angehören. Augen gelbbraun bis ockergelb. Füße hellgelb. Bei Jungvögeln fehlt die dunkle Flügelhinterkante, ihr heller Schwanz ist braun quergebändert. **Vorkommen:** Von Nordafrika und Südosteuropa bis Zentralasien. Brutvogel Ungarns in geringer Zahl, zunehmende Beobachtungen in Österreich. In offener, trockener Buschlandschaft mit Zugang zum Wasser. Gute Bestände in der Türkei. **Nahrung:** Kleine bis mittelgroße Säugetiere, Reptilien, Insekten; Bodenvögel als Ausnahme. Geduldiger Ansitzjäger, kreisender Suchflieger und Jagd zu Fuß. **Fortpflanzung:** Felsbrüter, selten in Bäumen. Beide Eltern bauen den Horst. Gelege 3–4 (5) Eier. Brutdauer 28–34 Tage. Nestlingszeit rund 45 Tage. Weitgehend unerforscht.

Mäusebussard

Buteo buteo

Foto unten links: dunkle Form

Foto unten rechts: helle Form

Flugbild

Mäusebussard

Wespenbussard

Der Mäusebussard ist mit Abstand unser häufigster Greifvogel in Wald und Feld, sogar doppelt so zahlreich wie der Turmfalke (140 000 zu 70 000 Brutpaaren in Deutschland). Anders ausgedrückt: Fast jeder große Greifvogel, den wir draußen sehen, ob am Himmel (s. Grafik) oder einem Zaunpfahl, ist ein Mäusebussard. **Merkmale:** 45–55 cm, Spannweite 113–128 cm. Ein großer, kräftiger Greifvogel mit kurzem, aber breiten, dichtgebänderten Schwanz. Oberseits einheitlich mittel- bis dunkelbraun; das übrige Gefieder jedoch individuell sehr verschieden. Es gibt nahezu weiße bis einfarbig dunkelbraune, wobei bei den ganz hellen mitunter auch die oberen Flügeldecken sowie Rücken und Bürzel hell sind. Allen gemeinsam sind unterseits die dunklen Handwurzelflecken und ein weißes Feld an der Basis der Hand. Augenfarbe variabel von braun bis perlweiß, den Gefiederfarben »angepasst«. Füße gelb. Charakteristischer Segelflieger. Ruffreudig, sein »hiää« ist jedem bekannt. Verwechslung: Mit dem Wespenbussard, der aber schlanker, langflügeliger ist und im Schwanz nur 3 breite, dunkle Querbinden – 1 am Ende, 2 in Laufhöhe – zeigt (s. Grafiken); mit dem Wintergast Raufußbussard, dessen weiße Schwanzunterseite mit breiter dunkler Endbinde abschließt; mit Milanen, die gegabelte Schwänze haben; mit Eichelhähern, die den gleichen »hiää«-Ruf äußern und uns damit leicht irreführen. **Vorkommen:** Von Irland bis Japan; von Mittelschweden bis Sizilien. Offene, abwechslungsreiche Landschaften mit Wäldern. Stand-, Strich- und Zugvogel sowie Wintergast. Jungvögel ziehen häufiger als Adulte. Bruterfolg und Bestand sind mitunter heftigen Schwankungen aufgrund der Bestandsschwankungen der Hauptnahrung, den Wühlmäusen, unterworfen. **Nahrung:** Zu über 70 % Kleinsäuger, vor allem Wühlmäuse. Ferner Vögel, Kaltblüter und Schlachtabfälle; große Insekten und Regenwürmer; Aas. Jagt über offenem Gelände; bevorzugt Ansitzjagd, aber auch Suchflug mit Rütteln und Jagd zu Fuß. Bedächtig, aber effizient. **Fortpflanzung:** Baumbrüter, neuerdings auch auf Masten. Beide Eltern bauen den Horst. Gelege meist 2–4 Eier. Brutdauer 33–38 Tage, beide Eltern brüten. Nestlingszeit 50–55 Tage. Das Männchen ist zu Anfang allein für die Nahrungsbeschaffung zuständig, ab der 3. Lebenswoche beginnt das Weibchen mit zu jagen. Jungenführung weitere 40–55 Tage.

Raufußbussard

Buteo lagopus

Foto oben: Männchen

Flugbild, Männchen

Das Leben dieses nordischen Greifvogels ist auf Gedeih und Verderb mit dem Massenzyklus seiner Hauptbeute, den Wühlmäusen (Erd- und Sumpfmaus) verbunden: In schlechten Wühlmausjahren fällt die Brut aus, in durchschnittlichen ist der Bruterfolg (weniger als 1 Junges/Brut) mager, in erstklassigen Wühlmausjahren zieht der Raufußbussard dagegen 4–5 Junge pro Brut auf. **Merkmale:** 52–60 cm, Spannweite: 120–150 cm. Ein großer Bussard mit langen Flügeln. Charakteristisch ist der weiße Schwanz mit breiter schwarzbrauner Endbinde, dazu die dunklen Handwurzelflecken und die dunkel schokoladenbraunen Bauchseiten. Beim Männchen sind diese in der Regel durch schwarzbraune Querstreifen auf dem Bauch und (oder) den Flanken ersetzt. Adulte unterseits mit breiter schwarzbrauner Flügelhinterkante und Handfingern. Augen braun. Gelbe Füße befiedert (Name!). Junge Raufußbussarde ohne schwarzbraune Flügelhinterkante, mit hellen Flügeldecken; schwarzbraunes Bauchschild. Adulte Männchen unterscheiden sich von adulten Weibchen durch oberseits weitere 2–4 schmale Schwanzbinden vor der breiten Endbinde (s. Grafik). **Vorkommen:** Zirkumpolar in Tundra und Waldtundra; fehlt lediglich auf Grönland, Island und den arktischen Inseln Nordeuropas. Bei uns Wintergast in nicht geringer Zahl, vor allem im Norddeutschen Tiefland. Winterortstreu. Da die Siedlungsdichte sich proportional zur Nahrungsmenge verhält, nimmt man an, dass in schlechten Jahren die Mehrzahl der Brutpaare dorthin wandert, wo reichlich Nahrung ist. Sie scheinen also auf der Suche nach den guten Futterplätzen weit umherzustreifen, nicht brutortstreu zu sein. **Nahrung:** Wühlmäuse, Lemminge; Kleinsäuger aller Art je nach Verfügbarkeit. Bei Mangel auch Bodenvögel, wobei Schneehühner bevorzugt werden. Ist auch dämmerungsaktiv. Jagt wie der Mäusebussard im Such- und Rüttelflug oder vom Ansitz aus. **Fortpflanzung:** Felsbrüter, in der Waldtundra Baumbrüter, in der Tundra auch Bodenbrüter auf Erhebungen. Beide Eltern bauen oder bessern den Horst aus. Gelege bis 7 Eier. Das Weibchen brütet alleine. Brutdauer pro Ei 31 Tage. Nestlingszeit 34–43 Tage: Die jungen Weibchen entwickeln sich deutlich langsamer als die leichteren jungen Männchen, wodurch sich die große Spanne erklärt. Das Männchen bringt die Beute, die vom Weibchen zerteilt und verfüttert wird. Sind die Jungen herangewachsen, jagt auch das Weibchen mit. Führungszeit einige Wochen, jedoch nicht genau bekannt.

Gleitaar

Elanus caeruleus

Flugbild

Außerhalb Europas einer der häufigsten Greifvögel, der von der Waldzerstörung profitiert: Eine Pionierart auf »wüsten« Flächen, sehr geburtenfreudig. Das Weibchen kann in subtropischen und tropischen Gegenden mehrmals jährlich brüten, wobei es jeweils die Brut verlässt, sich neu verpaart, derweil das Männchen die vorige Brut allein aufzieht. **Merkmale:** 31–35 cm, Spannweite 75–89 cm. Unverkennbar: weißer Körper; Oberflügel, Schwanz, Rücken blaugrau, obere Flügeldecken und untere Handschwingen schwarz (s. Grafik). Auge rot. Turmfalkengroß. Jungvögel bräunlich auf Brust und Rücken; dunkelbraune Augen. **Vorkommen:** Afrika, Südasien. In Europa (ca. 2000 Paare) Brutvogel Portugals, Westspaniens, südwestliches Frankreich. Streift gelegentlich entlang der Küste bis Dänemark. Stand- und Strichvogel. Savannen, Steppen, Kultursteppe mit lichtem Baumbestand. Expandierte als Folge der Vernichtung der iberischen Eichenwälder und ihres Unterwuchses deutlich. **Nahrung:** Kleinnager, bodenbewohnende Kleinvögel, Eidechsen; Insekten. Weihenartiger Suchflug, auch mit Rütteln und in der Dämmerung; Ansitzjäger. **Fortpflanzung:** Baumbrüter. Das Weibchen baut das Nest. Gelege meist 3–4 Eier. Das Weibchen brütet, selten das Männchen; dieses versorgt das Weibchen mit Nahrung. Brutdauer 26 Tage, Nestlingszeit 30–35 Tage. Beide Eltern füttern (solange das Weibchen nicht davoneilt). Brutbiologie wenig erforscht.

Kaiseradler

Aquila heliaca

Foto: Spanische Unterart *adalberti*

Flugbild

Mehr als 100 Jahre sind vergangen, dass der Kaiseradler in Bulgarien als unantastbar, da heilig und zugleich wohltätig galt. Seinerzeit gab es dort »Tausende«. Heute brüten in Bulgarien noch maximal 50 Paare, und nicht besser sieht es in den anderen Balkanstaaten aus. **Merkmale:** 70–85 cm, Spannweite: 190–210 cm. Sehr groß, massig, doch mit schwachen Fängen. Gefieder braunschwarz, Scheitel und Nacken hellgelb, auf Abstand weiß; oft mit weißem Steiß. Jungvögel (1.–5. Jugendkleid) sind buntscheckig, mit viel Gelb auf Flügeldecken und Bauch. Ihr sicherstes Kennzeichen sind die silbergrauen inneren Handschwingen. **Vorkommen:** Brutvogel in Ungarn, Slowakei und Kroatien; ostwärts bis Ostsibirien; Spanien, Portugal. Zugvogel. In Parklandschaften, Waldsteppe. Alljährlicher Sommergast im Burgenland. **Nahrung:** Ziesel, Hamster und andere mittelgroße Säugetiere sowie Vögel, Aas. Vom Ansitz oder dem Kreisflug aus Beute am Boden schlagend, auch Fußjagd. **Fortpflanzung:** Baumbrüter; Horst von beiden Eltern gebaut. Gelege 2–4 Eier. Beide Eltern brüten. Brutdauer pro Ei 43 Tage. Nestlingszeit 65–77 Tage. Die Familien bleiben noch im Winterquartier zusammen.

Steinadler

Aquila chrysaetos

stark gefährdet

Flugbild

Das Sinnbild des Adlers und viel genutzter Wappenvogel, Staatssymbol auch Deutschlands. Dennoch wurde er von etwa 1750–1950 gehasst und verfolgt, so dass er in Europa nur in Rückzugsgebieten gerade noch überlebte. Auch heute noch gibt es Vorurteile ihm gegenüber, doch sie sind, wie sorgfältige Untersuchungen ergaben, unbegründet. **Merkmale:** 75–90 cm, Spannweite 204–220 cm. Sehr groß und mächtig, aber mit sicherem Flug. Bei Adulten heben sich der ockerfarbene Nacken und Scheitel vom ansonsten dunkelbraunen Kleid deutlich ab. Auf den Flügeldecken oberseits ein breites helleres Band (s. Grafik). Jungvögel (1.–5. Kleid, nicht ganz mit dem 1.–5. Lebenjahr gleichzusetzen) erkennt man am weißen Schwanz mit breiter dunkler Endbinde und großen weißen Feldern auf den Schwungfedern oben wie unten, die unterseits lang ausgezogen sind (s. Grafik). Verwechslung: Jungvögel mit adulten Seeadlern, die aber einen rein weißen Schwanz ohne Endbinde haben, ebensowenig weiße Felder in den Flügeln. **Vorkommen:** Einst auf der gemäßigten Halbkugel allenthalben verbreitet, heute z. B. in Europa sehr fragmentiert und nicht in allen Regionen und Ländern Brutvogel. Brutvogel in den Alpen (Deutschland, Österreich, Schweiz insgesamt 500 Paare), Skandinavien/Finnland (rund 2000 Paare) und im Baltikum (rund 50 Paare), um einige Länder zu nennen. Heute in West- und Mitteleuropa nur noch Gebirgsvogel. Ist in der Regel Standvogel, kann aber große Entfernungen, beispielsweise von Finnland zu den Alpen, überbrücken. **Nahrung:** Schlägt Beute bis zu 15 kg Gewicht selbst; schwerere Tiere fallen für ihn nur als Aas an. Säugetiere, Vögel, Schildkröten. Das Murmeltier ist beispielsweise seine Sommernahrung in den Alpen. Nutzt niedrigen Suchflug und Ansitzjagd. Der Steinadler kann maximal 5 kg heben, sodass er größere Beute erst zerteilen muss; oder er belässt sie an Ort und Stelle und sucht sie über eine längere Zeit immer wieder auf. **Fortpflanzung:** Lebenslängliche Einehe; geschlechtsreif erst mit 6 Jahren. Steinadler werden sehr alt (20 Jahre sind keine Seltenheit). Gelege 1–3 Eier. Das Weibchen brütet je Ei 43–45 Tage; wird während der Nahrungsaufnahme vom Männchen abgelöst. Nestlingszeit 65–80 Tage. Beide Eltern jagen Beute, das Weibchen füttert. Die Führungszeit ist lang und dauert in den Alpen etwa bis Jahresende.

Schelladler

Aquila clanga

Flugbild

Der Schelladler ist die osteuropäisch-sibirische Zwillingsart des mitteleuropäischen Schreiadlers. Der Schelladler ist ein scheuer Bewohner dieses riesigen Waldgürtels bis hin zum Pazifik und meidet menschliche Siedlungen. Daher wissen wir bis heute nur spärlich über seinen Bestand bescheid. **Merkmale:** 60–75 cm; Spannweite 155–182 cm. Im Felde ist die Unterscheidung zwischen ihm und dem Schreiadler, besonders bei Jungvögeln, oft recht schwer. Ein mittelgroßer kompakter Adler mit breiten, brettförmigen, »rechteckigen« Flügeln. Grundfarbe dunkelbraun, Adulte auf Entfernung schwarz wirkend. Schwanzdecken oben (halbmondförmig) und unten weiß, seltener hellbraun (s. Grafik). Artkennzeichnend ist unterseits ein kleines, halbmondförmiges helles bis weißes Feld an der Basis der äußeren Handschwingen. Jungvögel sind bunter durch mehrere (3–4) weiße Flügelbinden. Im Stehen sind diese als große weiße Tropfenflecken auf den Flügeln kennzeichnend (beim Schreiadler sind sie hell erdbraun). Jungvögel mit weißer Flügel- und Schwanzendbinde; helle Körperunterseite. **Vorkommen:** In Ostpreußen und Nordostpolen maximal 50 Brutpaare, im angrenzenden Weißrußland weitere 10–15. Im Baltikum vereinzelter Brutvogel. Das jeweilige Brutrevier eines Paares scheint sehr groß zu sein, rund 15–30 km^2. Sehr seltener Gast im Norden und Osten Deutschlands; wegen der schwierigen Bestimmung wohl öfter übersehen als gesehen bzw. mit dem Schreiadler verwechselt. Zugvogel, einige überwintern sogar in Europa. Seltener Zuggast in vielen Teilen Deutschlands. **Nahrung:** Gut 60 % Kleinsäuger, wobei die Schermaus am beliebtesten ist (20 %); mindestens 1 Drittel Vögel; je nach Angebot stellen Reptilien bis zu 24 % der Beute. Nutzt gerne das reiche Angebot in Vogelkolonien aus. Jagt wie der Schreiadler zu Fuß, vom Ansitz aus und vom niedrigen Kreisflug aus 30–50 m Höhe. **Fortpflanzung:** Sehr ungenügend bekannt. Baumbrüter in Wäldern. Gelege 2(–3) Eier. Brutdauer 42–44 Tage, das Weibchen brütet. Nestlingszeit 60–65 Tage, die anschließende Führungszeit 20–30 Tage. Verglichen mit dem Schreiadler ist der Brutzyklus von der Eiablage bis zum Ende der Führungszeit beim Schelladler im Schnitt 10 Tage länger! Er nimmt sich deutlich mehr Zeit.

Schreiadler

Aquila pomarina

stark gefährdet

Schreiadler
Flugbild

Schelladler
Flugbild

Beim Schreiadler tötet nahezu immer das stärkere Nestgeschwister das schwächere. Dadurch unterscheidet sich der Schreiadler grundsätzlich vom Schelladler, seiner Zwillingsart. Warum? Die Zeit für die Aufzucht ist wegen des extrem langen Zugweges von und nach den Savannen Ost- und Südostafrikas sehr kurz, die Nahrungsdecke knapp und der Nahrungsbedarf täglich hoch. So reicht es gerade für 1 Junges. Dadurch aber konnte der Schreiadler sich in den weniger günstigen Räumen westlich des Schelladler-Areals durchsetzen. **Merkmale:** 57–66 cm, Spannweite 134–159 cm. Ein kleiner kompakter Adler mit breiten, brettförmigen, »rechteckigen« Flügeln. Kopf, kleine und mittlere Flügeldecken hellbraun, große Flügeldecken und Schwungfedern hingegen braun. Weiß sind oberseits ein kleines Feld am Handschwingenansatz (fehlt dem Schelladler) und der Halbmond der Schwanzdecken (auch beim Schelladler; s. Grafiken). Junge Schreiadler oberseits kontrastreicher: kleine und mittlere Flügeldecken hellbraun; schwarzbraune große Flügeldecken und Schwungfedern unterteilt durch schmale weiße Linie; helle innere Handfedern. Unterseits meist dunkelbraun, ebenfalls mit schmaler weißer Linie. Bei den selteneren heller braunen Jungvögeln fällt diese Linie kaum auf. Die Verwechslung mit dem Schelladler ist besonders bei Jungvögeln leicht möglich. **Vorkommen:** Weitgehend auf die östliche Hälfte Mitteleuropas beschränkt, wobei 45 % des bekannten europäischen Bestandes von maximal 7000 Brutpaaren in Weißrußland, weitere 16 % in Polen leben. In Deutschland Brutvogel in Mecklenburg-Vorpommern, Brandenburg und Sachsen-Anhalt, insgesamt maximal 140 Paare. Bei reichem Nahrungsangebot im Sommer auch gesellig in größerer Zahl erscheinend, z. B. in der Uckermark. War vor 100 Jahren in Norddeutschland bis Husum verbreitet. Bruthabitate: feuchte Waldlandschaften durchsetzt von Mooren, Seen, Flüssen und Weiden. **Nahrung:** Frösche zu über 50 %; 1 Drittel Kleinnager; Maulwurf, wenige Jungvögel, Reptilien. In trockenen Biotopen oder Jahren hingegen gut 75 % Wühlmäuse und Junghasen. Jagt zu Fuß oder vom Ansitz aus sowie im Kreissuchflug aus 30–50 m Höhe. Ein Junges aufzuziehen erfordert beim Schreiadler doppelt soviel Nahrung wie beim Mäusebussard! **Fortpflanzung:** Baumbrüter in Wäldern. Beide Eltern bauen. Gelege 1–2 Eier. Das Weibchen brütet. Brutdauer 38–43 Tage. Nestlingszeit 48–58 Tage. Das Männchen bringt die Nahrung. Das Weibchen beginnt für sich selbst zu jagen, wenn das einzige Junge 3–4 Wochen alt ist, bleibt aber in Horstnähe. Führungszeit durch beide Eltern weitere 3–4 Wochen.

Zwergadler

Hieraaetus pennatus

Flugbild

Ein wärmeliebender Adler der trockenen Eichen- und Kiefernwälder. **Merkmale:** 42–53 cm, Spannweite 110–132 cm. Mäusebussardgroß, mit ihm verwechselbar, doch mit »Adlerfingern«. Am Vorderflügel je 1 weißer Fleck. 3 Farbmorphen, doch die helle ist am häufigsten. Alle oberseits gleich bunt: mittlere Flügeldecken hellbraun, zwischen großen Flügeldecken und den dunkelbraunen Schwungfedern ein ebensolches dünnes Band; Rücken, Schwanz dunkelbraun, mit weißen bis hellbraunen Schwanzdecken; Oberkopf, Nacken hellbraun. Innere Handschwingen bilden ein helles »Fenster« (s. Grafik). Unterseits haben alle Morphen dunkelbraune Handschwingen plus »Fenster«, grauen Schwanz mit dunkler Endbinde; Körper und Flügeldecken unterseits weiß und cremefarben, Brust dunkel gestrichelt (helle Morphe), oder Körper und untere Flügeldecken rostfarben bis dunkelbraun mit hellem Fenster der 3 inneren Handschwingen (rotbraune und dunkle Morphen). **Vorkommen:** Von Marokko/Portugal ostwärts bis zur Mandschurei; Südafrika. Äußerst seltener Brutvogel in Südostpolen, Slowakei, Ungarn. Brütete 1995 in Sachsen-Anhalt! Zugvogel. **Nahrung:** Wirbeltiere bis zu Jungkaninchen, Jungreihern; Insekten. Suchflug mit langsamem Herabgleiten. Vögel jagt er wie ein Habicht, Insekten zu Fuß. **Fortpflanzung:** Baumhorst, beide Eltern bauen. Gelege (1–)2 Eier. Brutdauer 36–38 Tage, meist brütet das Weibchen. Nestlingszeit 50–60 Tage. Lange Jungenführung.

Habichtsadler

Hieraaetus fasciatus

Flugbild

Merkmale: Weibchen 65–73 cm, Spannweite 165 bis 180 cm, Männchen 55–65 cm, Spannweite 145–165 cm. Größer als Mäusebussard, mit breiten Flügeln. Rücken weißlich, mit dünnen, kurzen, braunen Längsstrichen. Unterseits Körper weiß, mit sparsamen braunen Längsstrichen. Kontrastierend dazu das breite dunkelbraune Band der Unterflügeldecken. Schwanz grau, mit vielen schmalen Binden und breiter Endbinde. Jungvögel unterseits auf Flügeldecken und Körper hell rotbraun, Kopf schiefergrau; Schwungfedern grau, dicht quergebändert. **Vorkommen:** Von Marokko/Portugal bis Südchina. Brutvogel Kroatiens (5–10 Paare), Südeuropas, 80 % davon in Spanien. In Macchien, bergigen Buschsteppen und Kultursteppen. Standvogel; Jungvögel streuen weit. **Nahrung:** Kaninchen, größere Vögel; andere Kleinsäuger, etwas Reptilien. Gewandter Flugjäger, sitzt an und jagt manchmal zu Fuß. **Fortpflanzung:** Felshorst oder Baumhorst. Das Weibchen baut. Gelege 2(1–3) Eier. Das Weibchen brütet, vom Männchen kurz abgelöst. Brutzeit 37–40 Tage. Nestlingszeit 50–55 Tage. Das Männchen bringt die Nahrung bis die Jungen 4 Wochen alt sind, danach auch das Weibchen. Sehr lange Jungenführungszeit.

Fischadler

Pandion haliaetus

gefährdet

Flugbild

Bewaldete Seen- und Küstenlandschaften sind bei uns die Lebensräume, die der Fischadler bewohnt. Das Wasser muss klar sein und reichlich Fische enthalten. **Merkmale:** 50–58 cm, Spannweite 145–170 cm. Unverkennbar: ein dunkelbrauner und weißer Adler mit breiten, langen Schwingen. Unterseits Körper, Flügeldecken und Kopf weiß, Armschwingen und große Flügeldecken dunkelbraun, Handschwingen weißlichbraun. Oberseits einfarbig dunkelbraun, Kopfplatte weiß, markanter schwarzer Augenstreif (s. Grafik). Jungvögel oberseits mit hellen Federsäumen, Scheitel dunkler. **Vorkommen:** Fast weltweit. In Deutschland rund 300 Paare, die überwiegend im Norden leben; in Pommern, Ostpreußen 50 Paare, im Baltikum 175 Paare. Zugvogel, kommt Ende März zurück. Jungvögel kehren erst im 3. Kalenderjahr in die Heimat zurück. Durchzügler aus dem Norden (in Schweden leben über 3000 Paare). **Nahrung:** Fische. Falls Fischfang nicht möglich auch Kleinsäuger, Vögel, Amphibien, Reptilien als Ersatz. Sturztaucher aus Rüttelflug heraus. **Fortpflanzung:** 75 % der norddeutschen Horste stehen heute schon auf Leitungsmasten, der Rest auf Bäumen. In Pommern und Ostpreußen hingegen befinden sich immer noch 93 % auf Bäumen, wobei die Kiefer 85 % der Horstbäume stellt. Beide Eltern bauen. Gelege 2–3 Eier. Meist brütet das Weibchen. Brutdauer 37–41 Tage, Nestlingszeit 50–55 Tage. Das Männchen versorgt das Weibchen und die Nestlinge mit Nahrung. Familienzusammenhalt unter Umständen bis zum gemeinsamen Abzug ins Winterquartier. Europäische Fischadler überwintern im Mittelmeerraum, in Südwestasien und Afrika. Fortpflanzungsfähig im Alter von 3–5 Jahren Fortpflanzungsfähig im Alter von 3–5 Jahren.

Turmfalke

Falco tinnunculus

Foto oben: Weibchen

Foto unten: Männchen

Männchen rüttelnd

Der mit Abstand häufigste Falke Europas ist zugleich unser rüttelnder »Autobahnfalke«! In Deutschland und Österreich zählt er rund 75000 Paare, ungefähr das 10-fache des nächst häufigen Baumfalken. Der Rüttelflug aus mäßiger Höhe ist seine bekannteste Jagdmethode (s. Grafik), er jagt aber auch von Ansitzen aus oder zu Fuß. Ist vielerorts auf spezielle Nistkästen zum Brüten angewiesen, die er dankbar annimmt und in denen er sehr erfolgreich brütet. **Merkmale:** 31–38 cm, Spannweite 68–82 cm. Oberseits rotbraun, Handschwingen schwarzbraun. Langer dunkler Backenbart. Unterseits auf lehmfarbenem Grund braune Längsstreifen. Beine gelb. Männchen: Oberkopf, Nacken, Backenbart und Bürzel blaugrau; Schwanz ebenso, mit breiter schwarzer Endbinde (s. Grafik). Weibchen: Die beim Männchen grauen Partien sind hier rotbraun; Schwanz eng dunkelbraun quergebändert. Verwechslung: Mit dem in Österreich und Ungarn brütenden Rötelfalken, der ihm zum Verwechseln ähnlich sieht. **Vorkommen:** In Europa sowie in vielen Teilen Asiens beheimatet. Jagt über freien Flächen mit gar keiner oder kurzer Vegetation, z.B. Feldern, Weiden, Rasenflächen, Brachland. In Stadt und Land. Jahres- und Zugvogel. Überwinternde Turmfalken haben in strengen Wintern hohe Verluste; Turmfalken sind nicht allzu winterhart. Teilzieher in Norddeutschland, bayerische und schweizerische Turmfalken sind Zugvögel. Stadtvögel bleiben zumeist wegen der günstigen Ernährungslage. **Nahrung:** Mäuse, besonders die Feldmaus. Ist damit abhängig von deren Massenzyklen. Jagt da, wo Mäuse fehlen, bevorzugt Kleinvögel, in Städten vor allem Spatzen sowie unbeholfene Jungvögel. In Südeuropa sowie im Winterquartier sind Reptilien eine wichtige Beute. Insekten, Regenwürmer und Schnecken werden ebenfalls gefressen. **Fortpflanzung:** Brütet in Baumnestern, meist von Krähen, in Felsen, Gebäuden (besonders in hohen Türmen), offen oder in Höhlen. Gelege meist 4–6 Eier. Brutdauer 27–29 Tage, das Weibchen brütet. Nestlingszeit 27–32 Tage. Das Männchen bringt dem Weibchen das Futter und übergibt es in Nestnähe. Gelegentlich brütet auch das Männchen. Die flüggen Jungen werden von den Eltern rund 1 Monat lang geführt. Danach zerstreuen sich die Jungvögel in alle Himmelsrichtungen.

Rotfußfalke

Falco vespertinus

Foto oben: Männchen

Foto unten: Weibchen

junges Weibchen

Ein Vogel offener, jedoch bewaldeter Landschaften mit sehr reichem Insektenangebot. Deswegen bei uns auf dem Zuge gerne über Gewässern jagend. Gesellig zu jeder Jahreszeit. Ansitzjäger von hoher Warte aus; Suchflugjagd. **Merkmale:** 30–35 cm, Spannweite 58–70 cm. Klein; Augenring, Wachshaut und Beine rot. Kontrastreich und bunt gefärbt. Adulte Männchen dunkel schiefergrau mit rotbraunen »Hosen« und Unterschwanzdecken; Schwungfedern silberfarben. Vorjährige Männchen noch mit gemusterten Unterflügeln des Jugendkleides. Adulte Weibchen Gesicht weißlich, mit dunkler Augenpartie; Oberkopf und Unterseite einschließlich Unterflügeldecken gelblich bis rostfarben, kaum dunkel gestrichelt; oberseits blaugrau, dicht quergebändert, mit dem hellen Kopf kontrastierend. Jungvögel im 1. Jahr mit kräftiger Streifen- und Bindenzeichnung, die im 2. Jahr schwächer wird (s. Grafik). **Vorkommen:** Steppen und Waldsteppen, Moore, Kahlschläge. Von Österreich (0–5 Brutpaare) und der Slowakei (maximal 25 Paare) an ostwärts bis Ussurien, Nordchina und in die Mongolei. In Ungarn noch maximal 2200 Brutpaare. Winterquartier ist das südliche Afrika. Auf dem Herbstzuge regelmäßig in unterschiedlicher Zahl zu uns kommend, August/September. Im Frühjahr alljährlich in geringer Zahl Oberbayern passierend. **Nahrung:** Insekten jeglicher Art. Junge bekommen aber überwiegend Wirbeltiere. Mäuse auf dem Zug. **Fortpflanzung:** Überwiegend Koloniebrüter, bevorzugt in Saatkrähen- und Elsternnestern. Gelege 3–4 (6) Eier. Beide Eltern brüten rund 28 Tage. Nestlingszeit 7–14 Tage. Das Männchen bringt das Futter ans Nest, das Weibchen jagt ab dem 10.–12. Lebenstag der Nestlinge mit. Führungszeit 10–20 Tage, danach bilden sich Jugendgruppen zu gemeinsamer Übernachtung.

Rötelfalke

Falco naumanni

Foto: Männchen

Das wärmeliebende Pendant zum Turmfalken. Gesellig; im Winterquartier Massenschlafplätze bildend. Such- und Rüttelflugjäger; fängt in der Luft und vom Ansitz aus. **Merkmale:** 28–35 cm, Spannweite 60–74 cm. Weibchen und Jungvögel vom Rötelfalken und Turmfalken sind so ähnlich, dass nur Geübte sie auseinanderhalten können. Das erwachsene Männchen jedoch oberseits bunter und ungefleckt: Schultern und Rücken einfarbig rostrot, mit blaugrauen großen Flügeldecken. **Vorkommen:** Trocken-warme Steppen und Halbwüsten von Portugal bis Nordchina. Überwintert in offenen afrikanischen Landschaften. Europäischer Schwerpunkt sind Portugal und Spanien mit rund 5000 Brutpaaren. Die radikalen Änderungen der Landwirtschaft im Mittelmeerraum und der Masseneinsatz von Pestiziden in den 70er/80er Jahren gegen die Heuschreckenschwärme in Afrika vernichteten fast 90% des europäischen Brutbestandes. **Nahrung:** Insekten: Heuschrecken, Grillen, Käfer. Zusatznahrung im Frühjahr Kleinsäuger; wenig Reptilien und Bodenvögel. **Fortpflanzung:** Höhlen-Koloniebrüter in Felsen, Steilhängen, Bäumen und maroden Gebäuden, in Nistkästen und Nisthäusern. Gelege 3–5 Eier. Brutdauer 28–29 Tage; beide Eltern brüten, das Weibchen jedoch gut 90% der Zeit. Nestlingszeit 28–29 Tage. Beide Eltern jagen und füttern die Jungen. Jungenführung nur 1 Woche.

Merlin

Falco columbarius

Foto: Weibchen

Männchen

Liebt offene Landschaften. Sitzt erhöht am Boden, auf Zaunpfählen und Leitungen. Tiefflieger; taucht überraschend auf und schlägt die Beute bevorzugt am Boden. Ausdauernder Verfolger, wenn ein Angriff fehlschlägt. **Merkmale:** 26–33 cm, Spannweite 52–69 cm. Unser kleinster Greifvogel; spitzflügelig; kennzeichnend sein rasanter Flug. Männchen oberseits blaugrau, mit dunkleren Flügelspitzen, Schwanz mit breiter dunkler Endbinde (s. Grafik); unterseits beigefarben, leicht braun längsgestreift. Weibchen oberseits braun, unterseits kräftig braun längsgestreift auf hellem gräulich-gelblichem Grund; Schwanz mit vielen Querbinden. **Vorkommen:** Hochmoore, Heiden, Waldtundra, Birkenwald, baumlose Küsten des kalt gemäßigten Nordens. Bei uns Durchzügler (Höhepunkt in Norddeutschland 1. Oktoberhälfte) und spärlicher Wintergast. **Nahrung:** Kleinvögel; Kleinsäuger 5–10 %, wenig Insekten. Seine Nestlinge füttert er mit den gleichzeitig reichlich vorhandenen Jungvögeln und Küken bodenbrütender Vögel. **Fortpflanzung:** Nest auf dem Boden, auf Fels, in Krähennestern. Gelege 3–5 (7) Eier. Brutzeit 28–32 Tage, beide Eltern brüten. Nestlingszeit 28–32 Tage; selbstständig mit 2 Monaten.

Baumfalke

Falco subbuteo

gefährdet

Flugbild

Neben Wanderfalke und Würgfalke sicherlich unser schnellster Falke. Jagt tief fliegend und nutzt dabei jede Deckung, um überraschend zuzuschlagen. Daher kann der Baumfalke erfolgreich Schwalben und selbst Mauersegler erbeuten. Kann auch rütteln, und jagt Insekten auch zu Fuß. **Merkmale:** 30–36 cm, Spannweite 69–84 cm. Mittelgroß, doch von kräftiger Statur. Flügel schlank und lang, Schwanz schmal und kurz (s. Grafik), schnittig wirkend. Oberseits einfarbig schwarzschieferfarben, im Herbst durch Abnutzung brauntönig. Unterseits auf beigefarbenem Grund kräftig dunkel längsgestreift, mit rostfarbenen Hosen. Der schwarze Backenbart kontrastiert mit dem Weiß von Kehle und Wangen. Beine gelb. Junge sind brauner gefärbt, ohne rostfarbene Hosen. **Vorkommen:** In Europa und im gemäßigten Asien weit verbreitet. In offener, bewaldeter Landschaft bis in Höhenlagen von maximal 1000 m brütend, ebenso in grüner Stadtlandschaft. Lokal häufig, anderswo fehlend. In Deutschland gibt es rund 7500 Brutpaare, in Österreich 400, in der Schweiz maximal 500. Sein Bestand ist schwer zu ermitteln, da er sehr verborgen brütet. Zugvogel. **Nahrung:** Kleinvögel und Insekten. Unter Vögeln dominieren Schwalben, gefolgt von Lerchen und Spatzen. In Städten sind Spatzen die häufigste Nahrung, gefolgt vom Mauersegler. Im Winterquartier Insekten, Vögel und abends Fledermäuse. **Fortpflanzung:** Baumbrüter, bevorzugt Krähennester in Nadelbäumen, auch solche auf Strommasten. Gelege 2–4 Eier. Brutdauer 28–31 Tage. Das Weibchen brütet. Nestlingszeit 28–34 Tage. Das Männchen bringt dem Weibchen die Beute und übergibt sie in Nestnähe im Flug oder auf der Sitzwarte dem Weibchen. Führungszeit der Jungen weitere 30–40 Tage, wobei das Männchen länger als das Weibchen bei den Jungen ausharrt.

Würgfalke

Falco cherrug

Der auch als Sakerfalke bekannte Würgfalke ist neben dem Gerfalken der beliebteste Jagdfalke der Wüstenscheichs und daher extrem in seinem äußert schwachen Bestand gefährdet. Ein geschickter Jäger, der auf Beute am Boden und im unteren Luftraum unter 50 m spezialisiert ist und damit eine Nische bei uns gefunden hat, die der Wanderfalke, der im höheren Luftraum jagt, nicht nutzen kann. Leider haben beide Arten die gleichen Ansprüche an die Brutplätze und werden so unter Umständen zu Konkurrenten. **Merkmale:** 46–58 cm, Spannweite 104–129 cm.Unser größter heimischer Falke. Kompakt und kräftig gebaut. Breite, spitze, lange Flügel. Oberseits dunkelbraun, heller gefleckt und gebändert. Schwanzoberseite einfarbig hellbraun. Der helle, cremefarbene Kopf kontrastiert von Weitem mit der dunklen Oberseite und ist charakteristisch (s. Grafik). Unterseits cremefarben, mehr (Weibchen) oder weniger (Männchen) stark dunkelbraun gefleckt und gebändert; die großen Flügeldecken bilden oft ein breites dunkles Band. Langsame Flügelschläge, doch bei der Jagd reaktionsschnell. Fänge bei Adulten gelb, bei Jungvögeln aschblau. Verwechslung: Mit jungen braunen Wanderfalken, doch diese unterseits quergebändert und mit dunklem Oberkopf. **Vorkommen:** Waldsteppen und Steppen von Österreich, Ungarn bis Nordostchina. Erste, wenn auch erfolglose deutsche Bruten 1997 und 1998 im sächsischen Elbsandsteingebirge. Die europäischen Brutbestände schrumpften im 20. Jahrhundert auf 3–5% im Vergleich zum 19. Jahrhundert aufgrund der gewaltigen Umstellungen in der Landwirtschaft und der weiträumigen Vernichtung der Zieselbestände, seiner früheren Hauptnahrung. Es scheint aber, dass das Ende des Rückgangs erreicht ist und die Bestände wieder wachsen. In Ungarn gibt es heute rund 150 Paare, in Österreich 6–10 und in Tschechien 8–12 Paare. Stand-, Strich- und Zugvogel. **Nahrung:** Ziesel zur Brutzeit als Hauptnahrung; alle Arten anderer Kleinsäuger. Vögel, vor allem im Winterquartier und während des Zuges. In Mitteleuropa spezialisiert sich der Würgfalke jetzt auf Wildtaubenjagd, etwa auf Feldern äsende Ringeltauben. **Fortpflanzung:** Baum- und Felsbrüter, gelegentlich am Boden brütend. Nutzt Nester anderer Großvögel, neuerdings auch auf Stahlmasten. Er legt die Eier aber auch in Felshöhlen und -nischen auf den nackten Boden. Gelege 2–6 Eier, die meiste Zeit vom Weibchen bebrütet. Brutdauer rund 30 Tage. Nestlingszeit 45–50 Tage. Das Männchen besorgt die Beute, das Weibchen füttert allein bis zum Alter von 15–18 Tagen, danach jagt es mit. Führungszeit der Jungen 30–45 Tage.

Gerfalke

Falco rusticolus

Der Welt größter Falke und ein Gast aus der Kälte. Seine Geschwindigkeit bei der rasanten Verfolgungsjagd kann bis 360 Stundenkilometer betragen, womit er praktisch so schnell ist wie der Wanderfalke. Der Gerfalke ist der Falke mit den vielseitigsten Jagdmethoden, zudem ein sehr ausdauernder Verfolgungsjäger. Sehr gefährdet, da er heute noch ein beliebter Jagdfalke arabischer Wüstenscheichs ist. In den nordwesteuropäischen Brutgebieten gibt es nur noch maximal 1100 Paare. Er wird bei den Turkvölkern und mongolischen Stämmen seit Jahrhunderten zur Jagd abgerichtet und ist – wie bei uns der Adler – dort Symbol für Stärke und Souveränität der Herrscher. Von dort stammt das Sprichwort: »Die Falkenjagd ist die Schwester des Krieges«. Der Gerfalke als Jagdfalke ist in Europa seit über 1000 Jahren bekannt. Früher war er so begehrt, dass er als Tribut zwischen ungleich starken Staaten genutzt und verlangt werden konnte. Gerfalken waren mehr Wert als Gold. **Merkmale:** 55–64 cm, Spannweite 120–135 cm. Mäusebussardgroß, mit breiten und im Flug spitzen Flügeln sowie langem, schmalen Schwanz (s. Grafik). Kommt in 3 Farbmorphen vor: dunkel, grau und weiß. Fänge und Wachshaut der Adulten gelb, der Jungvögel blaugrau. Zu uns kommen wohl nur jüngere Vögel der zwei dunklen Morphen. Dunkle Morphe: oberseits graubraun bis schiefergrau, Schwanz und Bürzel hellgrau; unterseits weiß, mit dunklen Flecken. Graue Morphe: oberseits hellgrau. Weiße Morphe: Gesamteindruck weiß, mit schwarzen Flügelspitzen. Graue und Weiße Morphe unterseits weiß, mit dunklen Flecken, auf den mittleren und großen Flügeldecken ein schwarz-weiß gewürfeltes Band bildend. Jungvögel sind brauner. **Vorkommen:** Zirkumpolar verbreitet in Arktis und Subarktis. Bruthabitate sind die Tundren, Bergheiden, die hochalpinen Birken- und Weidenzonen und kahle Felsküsten. Adulte bleiben auch im Winter im Brutgebiet oder ziehen ins angrenzende Tiefland. Jungvögel streifen weiter umher. Extrem seltener und nicht alljährlicher Einzelgast im Winter in Norddeutschland. **Nahrung:** Schneehühner; in Lemmingjahren viele Lemminge. An Küstenplätzen können Möwen, Alken und Enten Hauptbeute sein. Jagt je nach Angebot Vögel aller Art und Hasen; nimmt Aas. **Fortpflanzung:** Felsenbrüter; in der Waldtundra in alten Baumnestern. Gelege 3–5 (7) Eier. Brutdauer rund 35 Tage. Das Weibchen brütet, das Männchen löst das Weibchen gelegentlich ab. Das Männchen versorgt Weibchen und Nestlinge mit Futter. Nestlingszeit 49–56 Tage; Führungszeit einen weiteren Monat.

Wanderfalke

Falco peregrinus

gefährdet

Jungvogel

Der Wanderfalke wird geliebt und gehasst, und zugleich ist er Symbol unbändiger Kraft und Jagdleidenschaft. Der Wanderfalke hat nur sehr wenige Feinde: den Uhu und Raubsäuger am Horst sowie vor allem den Menschen. Daher werden die meisten Horste bei uns rund um die Uhr zur Brutzeit bewacht. Verheerend wirkte sich das DDT aus, da es in der Nahrungskette im Endglied, dem Wanderfalken kumulierte. Den Wanderfalkenschützern ist es gelungen, dass es gegenüber dem Tiefststand von 85 Paaren in den 1970er Jahren heute wieder einen Bestand von rund 1000 Brutpaaren in Deutschland, Österreich und in der Schweiz gibt. **Merkmale:** Weibchen 46–51 cm, Spannweite 105–117 cm; Männchen 38–45 cm, Spannweite 80–100 cm. Weibchen so groß wie Mäusebussard, aber mit breiten und zugleich spitzen Flügeln und langem, schmalen Schwanz; Männchen kleiner. Oberseite dunkel blaugrau-schiefergrau, Hinterrücken heller. Deutlich schwarzer Bartstreif. Unterseite relativ eng querbebändert; Backen, Kehle kontrastierend weiß, beim adulten Männchen auch die Vorderbrust. Jungvögel hingegen oberseits dunkelbraun, unterseits auf lehmfarbenem oder weißem Grund kräftig längsgestreift (s. Grafik). Verwechslung möglich mit Würgfalke und Baumfalke (s. dort). Fänge bei Adulten gelb, bei Jungvögeln fahl grünlichgelb. **Vorkommen:** Nahezu weltweit, da seine Ansprüche an den Lebensraum gering sind: Er braucht freie Flächen für die Luftjagd auf Vögel und frei zugängliche Brutplätze. **Nahrung:** Vögel jeglicher Art und je nach Angebot, bis hin zu Reihern. Fängt fast ausschließlich fliegende Vögel, die er vom Ansitz her, auch weiter entfernt, erspäht. Er erreicht bei der Jagd auf größere Distanz eine Geschwindigkeit bis zu 380 Stundenkilometern. Beute, die sich vor dem Aufprall fallen lässt, kann sich daher oft retten, da der Wanderfalke gar nicht so schnell bremsen und wenden kann. Die Erfolgsquote der Jagd liegt zwischen 50 und 60%. **Fortpflanzung:** Felsbrüter und Gebäudebrüter (in Kirchtürmen, auf hohen Masten und Industrieschornsteinen) sowie Baumbrüter; in Nord- und Nordosteuropa auch Bodenbrüter in Hochmooren. Gelege meist 3–4 Eier. Beide Eltern brüten 29–32 Tage. Nestlingszeit 35–42 Tage. In den ersten 20 Tagen bringt das Männchen die Beute, das Weibchen bleibt am Horst. Danach jagen und wachen beide Eltern. Die Jungenführung dauert rund 2 Monate.

Schleiereule

Tyto alba

Dämmerungs- und nachtaktiv. Die Schleiereule hat sich von allen unseren Eulenarten am stärksten direkt dem Menschen angeschlossen, noch stärker als der Steinkauz, der ja überwiegend außerhalb menschlicher Bauten brütet. Die Schleiereule ist dagegen in Mittel- und Nordeuropa in ihrer Brutplatzwahl ganz auf den Menschen angewiesen. Sehr zu schaffen machen den Schleiereulen zwei natürliche Umstände: Nahrungsmangel durch extreme Schwankungen der Feldmausbestände und harte, schneereiche Winter. Schleiereulen verhungern dann schnell, sodass in manchen Jahren gerade einmal 10 % überleben. Die sehr hohe Jungenzahl vor allem in feldmausreichen Jahren gleicht die Verluste meist rasch aus. Dennoch ist die Art stark durch Nistplatzmangel und den Sauberkeitswahn des Menschen, der die Einschlüpfe zu ihren Brutplätzen verschließt, gefährdet. Hoch sind auch die Verluste im Straßenverkehr. **Merkmale:** 34–36 cm, Spannweite fast 1 m. Die Schleiereule ist die einzige Eule, die ungestreift ist und auf ihrer je nach Farbmorphe weißen, cremefarbenen oder gelbbraunen Unterseite höchstens zarte Tupfer besitzt. Das herzförmige Schleiergesicht ohne Federohren ist so charakteristisch, dass eine Verwechslung mit anderen Eulen nicht möglich ist. Oberseits goldgelb, mit dunkelbraunen Spritzern. »Knopf«augen schwarz. Schnabel hell. **Vorkommen:** Standvogel. Jungvögel wandern mehr oder weniger weit ab, Altvögel nur bei starkem Nahrungsmangel. Nahezu weltweit, vor allem in warmen Klimazonen. In Mitteleuropa Brutvogel der offenen Feldmark und Wiesen unterhalb 800 m Höhe. Meidet Gebiete mit mehr als 40 schneebedeckten Wintertagen. **Nahrung:** In Mitteleuropa zu 2 Dritteln Wühlmäuse, andere Mäuse bis zur Hälfte und Spitzmäuse bis zu 1 Drittel, je nach Angebot. Ratten (maximal 2 %), Vögel und Froschlurche (maximal 1 %) sind wohl nur Zufallsnahrungen. **Fortpflanzung:** Bei uns fast ausschließlich Gebäudebrüter mit großem Raumbedarf: der eigentlichen Bruthöhle und der unmittelbaren Umgebung; daher bevorzugt in Kirchtürmen, Scheunen, Dachböden brütend. Die Bruthöhle selbst soll möglichst dunkel sein. Gelege 4–7, oft bis 12 Eier, maximal sogar 18 bei gutem Nahrungsangebot. Zweitbruten in mäusereichen, keine Brut in mäusearmen Jahren. Brutdauer 30–35 Tage. Das Weibchen brütet allein, hudert und füttert die Jungen; das Männchen bringt das Futter. Sobald die Nestlinge etwa ab dem 20. Tag allein gelassen werden können, jagt und bringt auch das Weibchen Futter. Nestlingszeit 7–10 Wochen. Abwanderung der Jungen im Alter von rund 3 Monaten.

Uhu

Bubo bubo

gefährdet

Flugbild

Dank gewaltigen Einsatzes an Horstüberwachung, Zuchten und Fütterungshilfen ist es in Nord- und Mitteleuropa gelungen, in den letzten 30 Jahren vom Uhu wieder lebensfähige Bestände aufzubauen; allerdings kann leider auf die Horstüberwachung noch nicht verzichtet werden. Der Mensch ist nach wie vor des Uhus größter Feind. Uhus sind auch heute noch häufige Opfer von Stromleitungen und von Zusammenstößen mit Eisenbahnen und Autos – und sie sind am Brutplatz sehr empfindlich gegen Störungen. Waldvogel, jagt in offener Landschaft. Nacht- und Dämmerungsjäger, Suchflug- und Ansitzjäger. **Merkmale:** Männchen 63–68 cm, Weibchen größer: 67–73 cm. Spannweite bis zu 170 cm. Mit Abstand unsere größte Eule, adlergroß, mit großen, abstehenden Federohren. Große, orangefarbene Augen, Schnabel bleifarben, darunter ein weißer »Bart«. Oberseits rotbraun, dunkelbraun gefleckt; unterseits gelbbraun, mit großen dunkelbraunen Längsflecken auf der Brust, die auf dem Bauch deutlich schmaler werden. **Vorkommen:** Von Norwegen, Spanien, Marokko an ostwärts bis Korea und Sachalin, südlich bis zum Sudan und der Südspitze Indiens. In Mitteleuropa brüten heute höchstens 2400 Paare, davon in Deutschland etwa 450, in der Schweiz rund 120, in Österreich über 320 Paare. Standvogel. Jungvögel zerstreuen sich, maximal bis 60 km vom Geburtsort entfernt. **Nahrung:** Der Tagesbedarf liegt trotz seiner Größe bei nur 230 g, im Herbst zum Winterfett-Anlegen rund 300 g. Da der Magen maximal nur rund 130 g Nahrung fasst, muss sich der Uhu im Tagesverlauf 2- bis 3-mal den Magen füllen. Hauptnahrung sind vom Gewicht her Hasen, Kaninchen, Igel (!) und Krähen, von der Menge her aber die Feldmaus mit 2 Dritteln der Beutetiere. Vögel machen etwa 15% aus, davon sind 1 Drittel Krähenvögel und über 22% Greifvögel und Eulen! Den Uhu selbst können hingegen nur Seeadler und Steinadler erbeuten. **Fortpflanzung:** Wo es Felsen oder Steinbrüche gibt, steht der Horst in Wandhöhlen oder auf überdachten Simsen; im Flachland brütet er am Boden oder in alten Greifvogel- und Fischreiherhorsten. Wichtig sind dabei ungestörter Anflug und gute Sicht sowie bei Felsenhorsten Rückendeckung. Sehr ortstreu. Gelege 2–3 (5) Eier. Brutdauer 31–36 Tage. Das Weibchen brütet und hudert die Jungen. Bei Bodenbruten verlassen die Jungen nach 22–25 Tagen, sonst nach 28–35 Tagen den Horst. Flugfähig mit 8–9 Wochen. Die Eltern bringen den Jungen 20–26 Wochen die Beute. Brut nicht alljährlich: In Schweden sind es etwa 1 Drittel von den 400 ein Revier besitzenden Paaren, die eine Brutpause einlegen.

Waldohreule

Asio otus

Ästling

Die Waldohreule ist bei uns ebenso flächendeckend verbreitet wie der Waldkauz. Ihre Häufigkeit hängt jedoch von den Bestandsschwankungen der Feldmaus ab. Am ehesten kann man Waldohreulen im Winterhalbjahr finden, wenn sie in dichten Nadelbaumgruppen gemeinschaftlich ihren Tagesschlaf halten. Die Waldohreulen sitzen dann einzeln auf den Ästen nahe am Stamm. Jagt im Flug, selten vom Ansitz aus. Nachtaktiv. **Merkmale:** 35–36 cm, Spannweite etwa 95 cm. Groß und schlank, mit Federohren, gelben bis orangefarbenen Augen und an Rinde erinnerndem, braunem Gefieder. Unterseits kreuzförmige Längsstreifen. Über den Augen je ein helles Dreieck, das schwarz eingerahmt ist. Schnabelansatz unterhalb der Augen; Schnabel bleifarben. Verwechslung: Gut sichtbare Federohren hat auch der Uhu; doch ist der Schnabelansatz höher und es fehlen die weißen Dreiecke. Die Waldohreule kann ihre Ohren auch anlegen, und sie fehlen bei ihr während der Brutmauser. **Vorkommen:** Von Irland bis Japan, im gemäßigten Nordamerika, Nordwestafrika. Fehlt in Mitteleuropa nur oberhalb der Waldgrenze. Liebt Nadelwälder, vor allem Fichten; daher auch auf Friedhöfen und in Parks. Jagt über freien Flächen: Äckern, Wiesen, Lichtungen. Standvogel und Zugvogel. **Nahrung:** Bis zu 80 % ihrer Beute bestehen in guten Feldmausjahren aus Feldmäusen! Örtlich können Waldmäuse bis 55 % der Beute stellen. Ansonsten andere Kleinsäuger; maximal 10 % Vögel bis Drosselgröße: wohl überwiegend im Winter an deren Gemeinschaftsschlafplätzen. Es gibt Spezialisten, etwa jene, die zur Brutzeit Seeschwalben-Kolonien nutzen und die Vögel auf den Nestern schlagen. **Fortpflanzung:** Brütet in alten Krähen- und Elsternnestern, bevorzugt jene in Nadelbäumen. Gelege 4–5, in Feldmausjahren bis zu 9 Eier. In mäusearmen Jahren gelegentlich keine Brut. Brutdauer 27–29 Tage. Nestlingszeit 20–25 Tage, doch erst mit 33 Tagen sind die Jungen flugfähig. Vorher kann man die sogenannten Ästlinge (s. Grafik) manchmal auf Bäumen entdecken, meist dicht am Baumstamm. Selbstständig nach weiteren 35–42 Tagen. Das Weibchen brütet und hudert die Jungen. Das Männchen sorgt für die Nahrung; nachdem die Jungen das Nest verlassen haben, geht auch das Weibchen auf Jagd.

Sumpfohreule

Asio flammeus

vom Aussterben bedroht

Flugbild

Dämmerungsaktiv, insbesondere zur Brutzeit auch tagaktiv. Eine Eule der offenen, auch feuchten Landschaften: Tundren, Moore, nasse Weiden, Brachen, Heiden, Dünen, kurz dort, wo hohes Gras und Kraut reichlich Deckung und zugleich Nahrung bieten. Suchflug-Jäger im Gegenwind. Das Männchen verteidigt vehement sein Brutrevier, gegen Menschen etwa im Sturzflug, wobei es Verletzungen beibringt. Rastet am Boden und auf Pfählen. **Merkmale:** 35–40 cm, Spannweite 95–105 cm; groß und kräftig. Die Federohren werden nur bei Aufregung hochgestellt, sodass die Sumpfohreule meist rundköpfig aussieht. Oberseits dunkelbraun, mit lehmfarbenen Federrändern; unterseits auf lehmfarbenem Grund stark dunkelbraun längsgefleckt. Die schwefelgelben Augen sind schwarzbraun umrandet, die Partien zwischen und unter den Augen sind weiß, ein X bildend. Ein heller Ring umschließt das ganze Gesicht. Breitflügelig mit weihenartigem Flug: schaukelnd, gleitend und gelegentlich rüttelnd. Schnabel bleifarben. **Vorkommen:** In den kalten und gemäßigten Gebieten Eurasiens, Nord- und Südamerikas. Nomade. In Mitteleuropa unregelmäßiger Brutvogel im Nordwestdeutschen Tiefland nördlich des Teutoburger Waldes; vereinzelter Brutvogel in Mecklenburg-Vorpommern, Sachsen-Anhalt, Brandenburg, Hessen und Bayern. In ganz Deutschland vielleicht 200 Paare. Brutvogel östlich des Neusiedler Sees, an mehreren Orten Polens und in den Niederlanden. Durchzügler und Wintergast in ganz Norddeutschland; Wintergast in vielen europäischen Ländern, südwärts bis Nordafrika. **Nahrung:** Bis zu 95 % Wühlmäuse. Fehlen sie, bilden Ratten, Waldmäuse, Kaninchen und Vögel die Ersatznahrung. Es gibt aber Spezialisten, die sich im Winterquartier nur an Kaninchen oder bestimmte Vogelgruppen, z. B. an Strandläufer, halten. Zur Brutzeit dezimiert sie gelegentlich Seeschwalben-Kolonien. **Fortpflanzung:** Bodenbrüter; baut Nest aus trockenen Halmen. 1–2 Bruten. Gelege 4–8 (13) Eier, Zahl stark abhängig vom Wühlmausangebot. Brutdauer 26–29 Tage. Das Weibchen brütet und hudert in Europa allein. Das Männchen sorgt für die Nahrung. Die Nestlinge zerstreuen sich schon im Alter von 12–15 Tagen in die nähere, deckungsreiche Umgebung, können aber erst mit 24–27 Tagen fliegen. Die Jungen werden von beiden Eltern versorgt. Bei Nahrungsmangel jagt das Weibchen schon ab dem 9. Lebenstag der Jungen in der Nähe mit. Familienauflösung erst beim Wegzug (?).

Schnee-Eule
Nyctea scandiaca

Eine fast uhugroße, überwiegend tagaktive Eule; jagt im Winter auch im Dunkeln. Ansitzjäger, doch auch aktive Jagd, z.B. auf Wasservögel. **Merkmale:** 53–66 cm, Spannweite 120–150 cm. Überwiegend weiß, mit gelben Augen. Massig, rundköpfig. Männchen fast ganz weiß; Weibchen und Jungvögel auf Oberseite und Bauch fein schwarzbraun gestrichelt, junge Weibchen besonders stark. **Vorkommen:** Subarktische und arktische Tundren. In den skandinavischen Alpen südlich bis 60 °N, doch hier nur in Spitzenjahren Brutvogel mit maximal 100 Paaren. Zirkumpolar. Überwiegend Zugvogel; in an Lemmingen armen Jahren Invasionsvogel, hierbei bis Mitteldeutschland und in die Niederlande kommend. **Nahrung:** Lemminge und Vögel bis zu Entengröße. Schneehühner bei Nahrungsmangel, ebenso Fische. Bei hohem Schnee verhindert die Schnee-Eule beim Beutezerlegen das Einsinken durch Ausbreiten der Flügel und des Schwanzes. **Fortpflanzung:** Bodenbrüter. Gelege 4–14 (meist 6–9) Eier, je nach Lemmingdichte. Brutdauer 32–34 Tage. Das Weibchen brütet und hudert die Jungen. Das Männchen bringt Beute; es füttert die Jungen erst nach ihrem Flüggewerden. Nestlingszeit 15–20 Tage, flugfähig mit 43–50 Tagen, selbstständig erst nach weiteren 20–35 Tagen.

Sperbereule
Surnia ulula

Flugbild

Eine dämmerungs- und tagaktive Eule, die gerne auf freien Aussichtsposten ansitzt: auf Bäumen, auf Fernsehantennen, Pfosten und Leitungen. Jagt im reißenden Flug oder wie ein Turmfalke im Rüttelflug. Sichert mit ruckartigem Kopfdrehen um rund 180 Grad. Nicht scheu, friedlich, aber aggressiv gegenüber Hunden. **Merkmale:** 38 cm, Spannweite 70–82 cm. Langschwänzig; unterhalb der Vorderbrust gesperbert (s. Grafik). Gesicht weißlich, schwarz umrandet; Augen gelb. Mittelgroß, schneller Flügelschlag. **Vorkommen:** Lichte Nadel-(Taiga-)wälder und Birkenwälder, dort gerne am Rande von Mooren und Kahlflächen. Brutvogel Skandinaviens, Finnlands, Nordrusslands, nördlich etwa ab 61 ° N. Nomade, abhängig von der Wühlmausdichte. Davon ist auch das Umherstreifen ab Mitte September geprägt. In starken Invasionsjahren auch bis Deutschland wandernd. **Nahrung:** Wühlmäuse. Bei Nahrungsmangel auch Vögel, Frösche, Fische, Käfer. **Fortpflanzung:** Höhlenbrüter, seltener in alten Krähen- und Greifvogelnestern. Gelege 3–13 Eier, meist 5–6. Brutdauer 25–30 Tage. Das Weibchen brütet, hütet und füttert die Jungen, das Männchen bringt die Beute (vorbehandelt: ohne Kopf und Gedärme). Nestlingszeit 25 Tage, flugfähig ab 5.–6. Lebenswoche.

Zwergohreule

Otus scops

Klein; nachtaktiv. Bekannt für die glockenhellen monotonen Rufreihen, die den Beobachter narren, da auch die Knoblauchkröte fast ununterscheidbar so ruft. Mitteleuropäer Zugvögel, Südeuropäer Standvögel. **Merkmale:** 17–19 cm, Spannweite 48–53 cm. Gefieder wie braune Borke: oberseits graubraun, unterseits heller; mit dunkelbraunen Längsstreifen und feinen Querwellen übersät. Augen zitronengelb, Schnabel dunkelgrau. Langflügelig. **Vorkommen:** Kultursteppe, Waldsteppen und Savannen; Dörfer, Parkanlagen; warme bis tropische Gebiete Europas und Asiens, Nordwestafrika. Abhängig vom Insektenreichtum und daher durch intensiv betriebenen Ackerbau sehr gefährdet. In Mitteleuropa Brutvogel der Schweiz (12–15 Paare) und im südöstlichen Österreich (maximal 30 P.), in Slowenien, Kroatien, Ungarn, Südslowakei. In Deutschland bisher 3 Brutnachweise in 100 Jahren. **Nahrung:** Großinsekten, jede Art Wirbellose, gelegentlich Singvögel, Kleinsäuger und Laubfrösche. **Fortpflanzung:** Höhlenbrüter, in Nistkästen. (2)3–4(6) Eier. Brutdauer 20–31 Tage. Das Weibchen brütet und füttert die Jungen bis sie 18 Tage alt sind, danach jagen und bringen beide Eltern das Futter. Der Familienzusammenhalt dauert maximal 2 Monate, die Familie zieht gemeinsam fort.

Habichtskauz

Strix uralensis

Größter Kauz Mitteleuropas. Waldbewohner, wegen seiner nächtlichen Lebensweise meist übersehen. Meidet große, geschlossene Wälder. Standvogel. Bei Nahrungsmangel in tiefere Lagen ausweichend. Besonders das Weibchen ist am Brutplatz sehr aggressiv und furchtlos auch gegenüber dem Menschen. Am besten im zeitigen Frühjahr am Reviergesang des Männchens zu lokalisieren, einem dumpfen bis 2 km Entfernung hörbaren »huh«. **Merkmale:** 61 cm, Spannweite 108–124 cm. Mattweiß, grau und schwarz; Gesichtsschleier ohne Streifen, Augen schwarzbraun; kein dunkler Kinnfleck. Im Fluge hängt Schwanz herab. **Vorkommen:** Von Norwegen bis Japan. In Ost-Mitteleuropa Brutvogel der Mittelgebirge oberhalb 450 m; maximal 1000 Paare. In Deutschland und Österreich nur Irrgast. **Nahrung:** Kleinsäuger als Grundnahrung (bis zu 85 %); Insekten, Vögel, Amphibien. Waldjäger. **Fortpflanzung:** Halbhöhlenbrüter und daher vielseitige Nestanlagen; in Greifvogelhorsten, bevorzugt die des Habichts. Gelege meist 3–5 Eier (Spannweite 1–6 Eier, abhängig vom Kleinsäugerbestand). Brutdauer 31–34 Tage. Das Weibchen brütet und hudert die Jungen. Das Männchen bringt die Beute; das Weibchen jagt erst am Ende der Nestlingszeit von 34–35 Tagen mit. Selbstständig nach 2–3 Monaten.

Raufußkauz

Aegolius funereus

Jungvogel

Ein ausgeprägter Wald- und Nachtvogel, den man sehr schwer entdeckt, da er dichte Tageseinstände liebt. Wichtig sind kleine freie Jagdflächen im (bevorzugt bei Schnee) und neben dem Wald, wie z. B. Schneisen, Waldwiesen oder Waldränder. Die Art ist winterhart und lebt dort, wo der Winter lang und die Sommertemperaturen niedrig sind. Ansitzjäger, selbst im dichten Wald gewandt. Stand- und Strichvogel. Jungvögel zerstreuen sich. Den Raufußkauz zu finden gelingt fast nur im Frühjahr anhand der Rufe und Gesänge. **Merkmale:** 26 cm, Spannweite bis 62 cm. Klein, so groß wie eine Amsel, doch dickköpfig: Schädelbreite rund 4,2 cm. Gesicht weiß, die dunklen Ohröffnungen sitzen oben am Kopfrand. Oberseits braun (gelegentlich auch grau) mit weißen Flecken (»Perlen«). Unterseits weiß mit braunen Hakenflecken. Flugbild von oben dunkelbraun, der Körper beiderseits von einem rahmfarbenen Band eingefasst. Schnabel hell horngelb; Augen gelb. Jungvögel oberseits einfarbig kaffeebraun; Gesicht braun, mit hellbeiger X-Zeichnung zwischen den Augen (s. Grafik); unterseits löst sich das Kaffeebraun von Kehle und Brust in Längsreihen auf, die Zwischenreihen sind lehmfarben. **Vorkommen:** Brutvogel der Fichtenwälder von Norwegen/Belgien bis nach Nordostchina. Bei uns auch in ausgedehnten Mischwäldern mit hohem Fichtenanteil. **Nahrung:** Wühlmäuse, gefolgt von Waldmäusen. In geringer Menge Spitzmäuse und Vögel bis zur eigenen Größe. Nordeuropäische Vögel können sich während des Herbstzuges in Invasionsjahren verstärkt von Vögeln ernähren. **Fortpflanzung:** Höhlenbrüter, auch in Kunsthöhlen. Selten in Nestern von Krähenvögeln und Eichhörnchen. Gelege 2–8, meist 3–6 Eier. Brutdauer 26–29 Tage. Das Weibchen brütet, hudert und füttert die Jungen. Das Männchen hudert ein wenig mit und bringt die Beute. Nestlingszeit 30–34 Tage; Junge selbstständig etwa 4 Wochen später.

Steinkauz

Athene noctua

stark gefährdet

Foto unten : Ästlinge

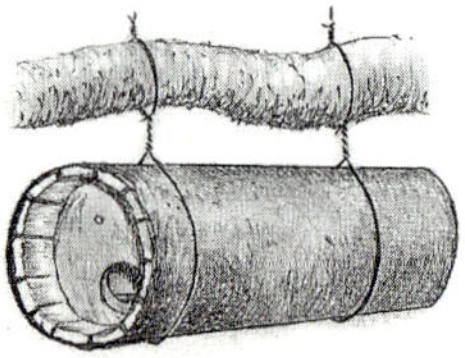

Steinkauz-Niströhre

Im alten Griechenland begleitete der Steinkauz als heiliger Vogel die Göttin der Weisheit, Pallas Athene. Bei den Römern wurde aus Pallas Athene Minerva, aber der Steinkauz wurde zum Totenvogel und zum Verkünder sehr schlechter Nachrichten. Der Steinkauz beginnt schon am Nachmittag zu jagen; Hauptjagdzeiten sind von Sonnenuntergang bis Mitternacht und frühmorgens. Extrem gefährdet wegen seiner ausgesprochenen Abhängigkeit von Streuobstwiesen, Bauerngärten mit Bäumen und Kopfweiden. **Merkmale:** 23–24 cm, Spannweite 50–56 cm. Ein kleiner, kurzschwänziger, runder Kauz, der uns tagsüber vom Dach einer Scheune unverwandt ansieht, auf Telegraphenmasten sitzt oder sich an den warmen Schornstein »seines« Bauernhauses lehnt. Wähnt er sich beobachtet, verändert er in schnellem Wechsel seine Haltung von Hochaufgerichtet zu Geducktsein. Große, leuchtend gelbe Augen blicken unter flacher »Stirn« hervor. Schnabelansatz fast in Augenhöhe; Schnabel hell hornfarben. Gefieder oberseits dunkelbraun mit lehmfarbenen Tropfenflecken, unterseits hell lehmfarben mit dunkelbraunen Längsstreifen. »Augenbrauen« weiß. **Vorkommen:** Von Wales und England sowie von Marokko aus ostwärts quer durch den eurasiatischen Kontinent bis nach Ussurien und Nordkorea. Standvogel, die Jungvögel wandern nicht weit ab. Bei uns Jäger in Obstplantagen, mit Kopfweiden bestandenen Weiden/Wiesen, Gärten, an Waldrändern; bis etwa 600 m Höhe. **Nahrung:** Sehr vielseitig; Ansitzjäger, jagt auch in niedrigem Flug oder zu Fuß. Die Feldmaus ist Hauptbeute, gefolgt von anderen Mäusen. Unter den Insekten bevorzugt er eindeutig die Käfer, die jedoch in Mitteleuropa gewichtsmäßig höchstens 15 % ausmachen. Vögel sind insbesondere im Winter wichtige Ersatznahrung nach Feldmausausfällen; vor allem Jungvögel können auch während der Jungenaufzucht stark genutzt werden. Frisst gerne Regenwürmer, sie sind beliebte Aufzuchtnahrung (mit bis zu 34 % Gewicht aller verfütterten Tiere). **Fortpflanzung:** Brütet in natürlichen Baumhöhlen und auf Dachböden, ist heute allerdings sehr auf die speziellen mardersicheren Steinkauz-Niströhren angewiesen (s. Grafik). Ohne deren Einsatz wäre er in weiten Gebieten schon ausgestorben. Gelege 3–6 Eier, gelegentlich 7. Brutdauer 24–28 (33) Tage. Nestlingszeit 4–5 Wochen. Das Weibchen brütet und hudert die Jungen, das Männchen sorgt für die Nahrung. Die Jungen kehren abends nach dem Flüggewerden noch oft ins Nest zurück. Führungszeit seitens der Eltern bis zu 1 Monat.

Waldkauz

Strix aluco

Foto unten links: braune Farbmorphe

Foto unten rechts: graue Farbmorphe

Ästling

Das gellende »kjuwik« des Waldkauz-Weibchens (seltener des Männchens) wurde von Vielen für den Ruf des Totenvogels gehalten. In Wirklichkeit aber sind es nur die geschärften Sinne schlafloser Menschen, die plötzlich das allnächtliche Rufen des Käuzchens wahrnehmen. Das Waldkauz-Männchen ruft das langgezogene, unheimlich wirkende »huhu, huch-u-u-u-u«. Natürlich ist der Waldkauz ebenso harmlos wie alle anderen Eulen; ihre unablässige Mäusejagd sollten wir ihnen vielmehr danken. Ausgesprochen nachtaktiv. Tageseinstand in dichtem Laubwerk. Unsere häufigste Eule. Während der Jungenaufzucht ist der Waldkauz in der Dämmerung und nachts sehr empfindlich und greift bei Störungen auch Menschen direkt an; dann muss man vor allem die Augen schützen. **Merkmale:** 38–42 cm. Spannweite beim Weibchen bis 1 m, Männchen etwas kleiner. Ein großer, gedrungener Kauz mit schwarzbraunen Augen, die mitten im Gesicht über dem Schnabelansatz stehen. Der dunkle Mittelscheitel zieht bis zwischen die Augen hinunter. In 2 Farbmorphen, grau (weitaus häufiger) und braun, auftretend. Weiße Tropfenflecken auf Schultern und Flügeln. Altvögel mit kreuzförmig auslaufenden Längsstreifen auf der Unterseite. Jungvögel sind überall quergebändert (s. Grafik); man nennt sie Ästlinge. Keine Federohren. **Vorkommen:** Von Großbritannien bis Korea und Taiwan. Eine echte Waldeule, die in alten Laub- und Mischwäldern, in Parks, Friedhöfen und Alleen lebt. Sie braucht aber zugleich freie Flächen zum Jagen. Bis 1800 m Höhe. Standvogel. **Nahrung:** Gewandter Gebüsch- und Waldjäger, sowohl die Ansitzjagd als auch den Suchflug nutzend. Jagt gerne an den Schlafplätzen der Kleinvögel und greift sie nach dem Aufstöbern im Flug. Schlug schon Amseln am Futterbrett. Jedes Tier (auch Fische) von der Größe eines Laufkäfers bis zur Wanderratte und dem Blässhuhn schlagend. Mäuse und Wühlmäuse machen jedoch fast 3 Viertel der Beute aus, Vögel etwa 14 %. Die gut ausgebildete Vogeljagd – vor allem auf Spatzen und Finken – überbrückt im Winter den Mangel an Mäusen. Generell gilt für den Waldkauz, dass er jedes tierische Massenaufkommen sofort gründlich nutzt. **Fortpflanzung:** Brütet in Baumhöhlen, auch in Dachböden, Türmen, Ruinen, landwirtschaftlichen Gebäuden, in alten Krähenhorsten, Greifvogelhorsten. Frühbrüter, manchmal ab Februar. Gelege 2–6 Eier. Brutdauer 28–30 Tage. Nestlingszeit 4–5 Wochen; Führungszeit weitere 8–10 Wochen. Das Weibchen brütet und hudert die Jungen; das Männchen sorgt für die Nahrung; das Weibchen beginnt nach Ende der Huderphase mit zu jagen.

Bartkauz
Strix nebulosa

brütendes Weibchen

Flugtechnisch sagenhaft gut der Taiga angepasst. Beim Flug durch den dichten Wald in der Lage, unmittelbar vor einem im Wege stehenden Baumstamm den Flügel schnellstens einzuziehen und ihn unmittelbar hinter dem Stamm wieder auszustrecken, »als ob der Flügel durch den Stamm schneidet«. Bartkäuze sind sehr wehrhaft. Die Weibchen verteidigen Horst und Junge auch gegen Menschen. Die scharfen Krallen können tiefe Wunden verursachen und die Augen zerstören. Nur mit Helm, Schutzbrille und Schutzweste sollte man sich dem Bartkauz zur Brutzeit nähern. **Merkmale:** 69 cm, Spannweite 128–150 cm. Ein rundköpfiger Kauz ohne Federohren. Fast uhugroß, aber nur halb so schwer. Gesichtsschleier mit leicht welligen konzentrischen Ringen. Zwischen den Augen ein weißes X, das durch ein schwarzes Band zweigeteilt ist. Kinnfleck (»Bart«) schwarz. Gesamteindruck grau. Augen gelb, Schnabel horngelb. Weibchen deutlich schwerer als Männchen. Tagaktiv. Ansitzjäger. Der unheimliche Gesang besteht aus maximal einem Dutzend dumpfen, Gänsehaut erzeugenden »who who who«-Lauten, die, in gemessenem Abstand gerufen, langsam an Höhe und Stärke nachlassen. **Vorkommen:** Die geschlossenen nordischen Nadelwälder (= Taiga). Nordöstliches Küstenland Schwedens, mittleres Finnland. Nomade, da abhängig von Erreichbarkeit (Schneehöhe) und Menge der Nahrung, dem Massenzyklus der Wühlmäuse. **Nahrung:** Wühlmäuse; zur Brutzeit fast ausschließlich. Andere Kleinsäuger bis Junghasengröße, selten Vögel. Ein adulter Bartkauz frisst täglich 3–5 Wühlmäuse. **Fortpflanzung:** Brütet in Greifvogelhorsten und auf Baumstümpfen (s. Grafik). Gelege 1–7 Eier, je nach Nahrungsangebot. Brutdauer 28–30 Tage. Das Weibchen brütet, hütet und füttert die Nestlinge. Das Männchen bringt die Beute, ab 3. Woche auch das Weibchen. Nestlingszeit 3–4 Wochen; flugfähig ab 5./6. Woche.

Sperlingskauz
Glaucidium passerinum

Schwanzstelzen

Unsere kleinste Eule; dämmerungsaktiv und in deckungsreichen Nadelwäldern lebend; mit unauffälliger, da jahreszeitlich sehr früher Balz und Anpaarung schon im Oktober. Dies erklärt zur Genüge, dass man über ihre Verbreitung und ihr Leben erst in den letzten Jahrzehnten schlau wurde. Dabei ist der Sperlingskauz nicht scheu, ist lebhaft und sitzt gerne auch tagsüber erhöht etwa auf Fichtenspitzen am Waldrand. Beide Geschlechter haben ein reiches Repertoire an Rufen und Gesängen. Da diese oft singvogelähnlich klingen und an Gimpel, Goldhähnchen oder Drosseln erinnern, denkt der Hörer nicht an den Kauz; so wird er leicht übersehen. Feind des kleinen Kobolds ist der Sperber. **Merkmale:** 16–19 cm, Spannweite 32–38 cm; knapp starengroß. Ein brauner Kauz mit einem flachen, aber breiten Kopf, ohne Federohren. Kleine gelbe Augen. Oberseits braun, mit sparsamen hellbraunen und weißen Flecken; unterseits weiß, mit schmalen braunen Längsstreifen. Schwanz braun, mit 5 schmalen weißen Querbinden, lang. Kennzeichnend das Hochstelzen und Seitwärtsschwenken des Schwanzes bei Aufregung (s. Grafik). Ansitz- und Flugjäger. Zur Brutzeit auch tagaktiv. **Vorkommen:** Die deckungsreichen Nadelwälder des kälteren Eurasiens von Norwegen bis zum Amur und nach Sachalin. Bei uns Brutvogel in den Mittelgebirgen und in der Lüneburger Heide (hier gab es 1998 13 Bruten). Die Siedlungsdichte ist gering: 1 Vogel auf 1 km^2 Lebensraum. Daher gibt es z. B. im waldreichen Thüringen nur rund 300 Brutpaare. Standvogel; im Winter auch in die Orte kommend. **Nahrung:** Wühlmäuse und andere Mäuse. Der Sperlingskauz weicht bei Mäusemangel gern auf Kleinvögel als Nahrung aus. Daher bleibt sein Bestand stabil. Speichert Vorräte in separaten Höhlen, besonders zur Brutzeit und im Winter. **Fortpflanzung:** Höhlenbrüter, am liebsten in Fichtenhöhlen vom Buntspecht. Gelege (3)4–6 Eier. Brutdauer 28–30 Tage. Das Weibchen brütet und füttert die Jungen. Das Männchen besorgt das Futter, das das Weibchen außerhalb der Höhle entgegennimmt. Es bedient sich auch aus dem Vorrat, falls das Männchen nicht erfolgreich und schnell genug jagt. Das Weibchen reinigt regelmäßig die Bruthöhle von Resten und Gewöllen, sodass sich am Fuße des Baumes schnell ein Müllhaufen bildet, das sichere Zeichen für eine Brut. Nestlingszeit 4–5 Wochen, Führung durch beide Eltern für mindestens weitere 4 Wochen.

Adressen

Vereine, die sich mit Greifvögeln und Eulen besonders beschäftigen (ohne Anspruch auf Vollständigkeit):

Weltarbeitsgruppe für Greifvögel und Eulen e.V., Vorsitzender: Dr. Bernd-U. Meyburg, Wangenheimstraße 32, D-14193 Berlin, E-Mail: WWGBP @ avol.com.

Arbeitsgemeinschaft Greifvögel und Eulen, c/o Schweizerische Vogelwarte, Dr. Lucas Jenni, CH-6204 Sempach.

Stichting Werkgroep Roofvogels Nederland, Vorsitzender: Rob Vogel, c/o Aekingaweg 3, NL-8426 GN Appelscha.

Arbeitsgemeinschaft zum Schutz bedrohter Eulen, Vorsitzender: Dr. Wolfgang Scherzinger, Guntherstraße 8, D-94568 St. Oswald.

Gesellschaft zur Erhaltung der Eulen e.V. (EGE), Postfach 1146, D-52394 Heimbach.

Arbeitsgemeinschaft Wanderfalkenschutz (AGW), Vorsitzender: Dieter Rockenbauch, Burggasse 22, D-73312 Geislingen-Weiler.

Arbeitskreis Wanderfalkenschutz e.V. (AWS), Vorsitzender: Dr. Gert Kleinstäuber, Stollnhausgasse 13, D-09599 Freiberg.

Arbeitsgemeinschaft Wanderfalkenschutz – Österreich, Otmar Karenits, Oberotstraße 2, A-2440 Gramatneusiedl.

Weiterführende Literatur

Zum Vertiefen des Wissens sowie zur sicheren Bestimmung von Greifvögeln und Eulen gibt es vielfältige Möglichkeiten. Hier sei eine Auswahl genannt:

GLUTZ von BLOTZHEIM, Urs & Kurt M. BAUER: Handbuch der Vögel Mitteleuropas. Band 4: Falconiformes (Greifvögel), Frankfurt/M. 1971 (Akadem. Vg.), 943 S., ISBN 3-400-00069-S. Band 9: Columbiformes – Piciformes, Wiesbaden 1980 (Akadem. Vg.), Eulen: S. 227–639, ISBN 3-400-00452-9.

GENSBÖL, Benny & Walther THIEDE: Greifvögel. Alle europäischen Arten, Bestimmungsmerkmale, Flugbilder, Biologie, Verbreitung, Gefährdung, Bestandsentwicklung. 3. überarbeitete u. erweiterte Auflage (Neuausgabe). München 1997 (BLV), 414 S., ISBN 3-405-14386-1.

ROCKENBAUCH, Dieter: Der Wanderfalke in Deutschland und umliegenden Gebieten: Band 1: Verbreitung, Bestand, Gefährdung und Schutz. Ludwigsburg 1998 (Christine Hölzinger), 555 S., ISBN 3-00-003494-3.

ORTLIEB, Rudolf: Der Schwarzmilan. Hohenwarsleben 1998 (Neue Brehm-Bücherei 100; Westarp Wiss.), 176 S., ISBN 3-89432-441-4.

In Niederländisch gibt es zwei sehr empfehlenswerte Neuerscheinungen:

BIJLSMA, Rob G.: Handleiding veldonderzoek Roofvogels. Utrecht 1997 (Stichting Uitg. Koninklijke Nederlandse Naturhistorische Vereniging), 160 S., ISBN 90-5011-96-7.

BIJLSMA, Rob G. und Mitarbeiter: Ecologische Atlas van de Nederlandse Roofvogels. Haarlem NH 1993 (Schuyt & Co.), 350 S., ISBN 90-6097-348-8.

Register

Deutsche Namen

Wissenschaftliche Namen

BENNY GÉNSBØL
Walther Thiede
GREIF-
VÖGEL
Alle europäischen Arten, Bestimmungsmerkmale, Flugbilder, Biologie, Verbreitung, Gefährdung, Bestandsentwicklung
NEUAUSGABE!
Durchgehend farbig mit den aktuellen Bestandszahlen
BLV

STEVE MADGE • CHRIS KIGHTLEY
DAVE NURNEY
TASCHEN
FÜHRER
VÖGEL
Alle Arten Mitteleuropas
1500 farbige Zeichnungen und 370 Verbreitungskarten
BLV

MAD ABOUT MAN UNITED

FACTS, TRIVIA AND QUIZZES FOR DIE-HARD FANS

summersdale

MAD ABOUT MAN UNITED

Text by Peter Salmon

An Hachette UK Company
www.hachette.co.uk

Summersdale Publishers
Part of Octopus Publishing Group Limited
Carmelite House
50 Victoria Embankment
LONDON
EC4Y 0DZ
UK

www.summersdale.com

ISBN: 978-1-83799-867-8

To...

From...

INTRODUCTION

Lots of clubs claim to be Number One – but there can only ever be one winner. Manchester United is without a doubt the greatest team in the world, with (at the time of writing) more English First Division wins that any other club – 20 and counting.

And you can add 13 FA Cups, six League Cups and a record 21 FA Community Shields, plus, in international football, the Champions League three times, and the UEFA Europa League, and the FIFA Club World Cup.

With legendary managers like Matt Busby and Sir Alex Ferguson, and star players like David Beckham, George Best, Wayne Rooney, Bobby Charlton and Eric Cantona, Manchester United has given their fans some of the greatest moments in football history.

So let's take a journey from Busby's Babes to the Class of '92 and beyond, as we look at what makes Manchester United the biggest – and the best – club in world football!

”

Football is a result of a love affair between the child and the ball.

ROY KEANE

DID YOU KNOW...

Manchester United was formed in 1878, but at first they were called Newton Heath LYR Football Club. It was not until 1902 that they became Manchester United. Their first league title came only a few years later in 1907–08, winning the FA Cup the next year in 1909.

TRIVIA

Eric Cantona is one of Manchester United's favourite sons. Who was he recruited from?

a) Marseille

b) Tottenham Hotspur

c) Leeds United

”

I’ve never played for a draw in my life.

SIR ALEX FERGUSON

DID YOU KNOW...

In 1998–99, Manchester United became the first English team to win the Treble of the league, the FA Cup and the Champions League. Having failed to win any titles the year before, Sir Alex Ferguson's side rose to victory, losing just five matches in the season.

TRIVIA

In 2017, Wayne Rooney scored his two-hundred and fiftieth goal for Manchester United. Whose record did he break?

a) George Best

b) Denis Law

c) Bobby Charlton

”

Manchester United is stronger than anybody in the world.

ERIC CANTONA

DID YOU KNOW...

The oldest player to put on a shirt for Manchester United was Billy Meredith, who played his last United game in 1921, aged 46 years 6 months and 9 days. Remarkably, he then played three more seasons at Manchester City, retiring at 49 years 7 months 27 days – making him their oldest too!

TRIVIA

Legendary United manager Sir Alex Ferguson played 317 games in the Scottish Premier League for six clubs. With 95 games, which club did he play for most?

a) Ayr

b) Falkirk

c) Dunfermline Athletic

> I'm just a normal young lad who plays football.
>
> **WAYNE ROONEY**

DID YOU KNOW...

Manchester United have had five Golden Boot winners in the Premier League – Dwight Yorke, Ruud van Nistelrooy, Cristiano Ronaldo, Dimitar Berbatov and Robin van Persie, who had won it the year before at Arsenal. Amazingly, United's top scorer of all time, Wayne Rooney, never won it, once finishing second – to van Persie!

TRIVIA

Manchester United won the Champions League in 1999 despite being down 1-0 at full time. Ole Gunnar Solskjær scored one of the injury time goals, who scored the other?

a) Dwight Yorke

b) Teddy Sheringham

c) Nicky Butt

”

What United have got that Chelsea haven’t is Paul Scholes. He is different to anything else in English football.

KEVIN KEEGAN

DID YOU KNOW...

The greatest tragedy in Manchester United's history was the Munich Air Disaster, in which eight players died, as well as 15 other passengers. Dual league champions Busby's Babes, so named because they were so young, were decimated, and it took United ten years to recover, eventually winning the title in 1965.

TRIVIA

The most goals scored by a Manchester United player in a season is 46. Who scored them?

a) George Best

b) Mark Hughes

c) Dennis Law

> I'm all for individuality. But I personally go through every tactical plan before every match.

MATT BUSBY

DID YOU KNOW...

Bryan Robson is Manchester United's longest serving captain, wearing the armband from 1982–94, and leading the club to two Premier League titles, four FA Cups, and a European Cup Winners Cup. Nicknamed Captain Marvel, he also captained England 65 times in 90 appearances.

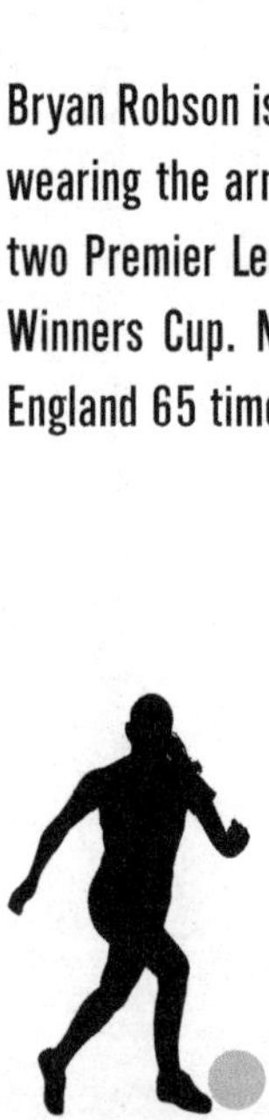

TRIVIA

Who was Manchester United's first captain born outside of Britain?

a) Eric Cantona

b) Roy Keane

c) Nemanja Vidić

"

The most beautiful sight in football is to watch Manchester United chase a game.

TEDDY SHERINGHAM

DID YOU KNOW...

Sir Alex Ferguson was the Manchester United manager for 26 years, leading them in over 1,400 matches and winning 38 trophies, including 13 Premier League titles, five FA Cups, and two UEFA Champions League titles. His win percentage of 65 per cent dwarfs his close rivals Arsène Wenger and José Mourinho.

TRIVIA

Who was selected as the UEFA club Defender of the Year in 1998-99?

a) Nicky Butt

b) Denis Irwin

c) Jaap Stam

> The premier club in the Premier League – that is Manchester United!

MARTIN TYLER

DID YOU KNOW...

Manchester United won the inaugural Premier League in 1992–93. It was United's first championship since 1967. They won the title when second-place Aston Villa lost at home to Oldham Athletic, cementing their victory the next day with a 3–1 win over Blackburn Rovers.

TRIVIA

When Manchester United won the Europa League in 2016–17, who was the manager?

a) David Moyes

b) Louis van Gaal

c) José Mourinho

> I can remember certain Manchester United defeats the way most people remember family bereavements or great political events.
>
> TOM DUNNE

DID YOU KNOW...

Manchester United moved to Old Trafford in 1909, paying £60,000 for the land. They have played at the ground ever since, except briefly during World War Two when it was bombed. While it was repaired they played home games at Maine Road, the home ground of their rivals Manchester City!

TRIVIA

In 1990, Sir Alex Ferguson would have almost certainly lost his job if Manchester United had lost to Nottingham Forest. Who scored "the goal that saved Alex Ferguson"?

a) Mark Robins

b) Mark Hughes

c) Clayton Blackmore

”

Well, Clive, it’s all about the two ‘M’s – movement and positioning.

RON ATKINSON

DID YOU KNOW...

In 1968, Manchester United were the first English team to win the European Cup. They beat Portugal's Benfica 4-1 at Wembley in front of 92,225. The score was 1-1 at full time, but United scored three goals in seven minutes of extra time to win.

TRIVIA

Sir Alex Ferguson's first trophy was the 1990 FA Cup. Which club did United draw with 3-3 in the Final, and then defeat 1-0 in the replay?

a) Arsenal

b) Crystal Palace

c) Blackburn Rovers

”

Every one of us is very happy we have a chance to play at Old Trafford. That is a privilege.

NEMANJA VIDIĆ

DID YOU KNOW...

The Class of '92 is the name given to members of United's 1992 Youth Cup team who went on to great success with the first team. The players, David Beckham, Nicky Butt, Ryan Giggs, Gary Neville, Phil Neville and Paul Scholes, would go on to win 120 trophies between them.

TRIVIA

Who scored twice in Manchester United's 3–1 win against Leicester City in the 1963 FA Cup Final?

a) Denis Law

b) David Herd

c) Albert Quixall

> **At Manchester United, it is all about winning football games. It is not so complicated.**

ERIK TEN HAG

DID YOU KNOW...

As well as 20 First Division and Premier League titles, Manchester United has also won the Second Division twice, in 1935–36 and 1974–75. The latter was after being relegated the previous year. Despite being in the Second Division, United still had the highest average attendance in England: 47,781.

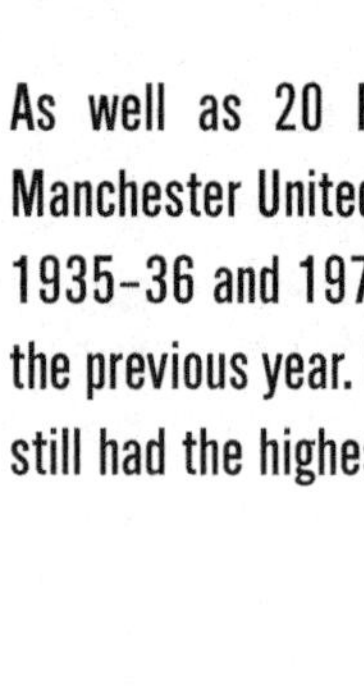

TRIVIA

Manchester United's biggest ever win was 10-0 in 1956 against a Belgian side. Who were they playing?

a) Genk

b) Club Brugge

c) Anderlecht

"It's getting tickly now – squeaky-bum time, I call it."

SIR ALEX FERGUSON

DID YOU KNOW...

Manchester United's first ever game against Real Madrid was the first leg of European Cup semi-final in front of an estimated 135,000 people at the Bernabéu, still the biggest crowd for a United game. Real won 3–1, and the second leg 2–2 (meaning 5–3 on aggregate), and went on to take the title.

TRIVIA

When Manchester United beat Manchester City to win the 2024 FA Cup, both goals were scored by MU Academy graduates. One was Kobbie Mainoo. Who was the other?

a) Alejandro Garnacho

b) Marcus Rashford

c) Scott McTominay

When you buy me, you are buying a Ferrari.

ZLATAN IBRAHIMOVIĆ

DID YOU KNOW...

The fastest hat-trick ever scored for Manchester United was three goals in four minutes by Ernie Goldthorpe against Notts County in 1923. But even that pales beside Ole Gunnar Solskjær's four in 13 minutes against Nottingham Forest in 1999 – and he was a substitute coming on after 72 minutes!

TRIVIA

Manchester United has never been lower than the Second Division. But on 5 May 1934, they had to win to avoid relegation to the Third. Which team did they beat 2–0 to stay up?

a) Lincoln City

b) Swansea

c) Millwall

"

Do you know who I'm afraid of? God – but I don't see him on the pitch.

ANDRÉ ONANA

DID YOU KNOW...

Manchester United has won the Community Shield a record 21 times, starting with the first year it was contested in 1908. After a 1-1 draw, United beat QPR 4-0 in the replay, with James Turnbull scoring a hat-trick. Turnbull scored 45 goals in 78 games for the club.

TRIVIA

When Manchester United won the 2016 Community Shield, beating Leicester 2–1, who scored one of United's goals on his debut for the club?

a) Jesse Lingard

b) Henrikh Mkhitaryan

c) Zlatan Ibrahimović

”

I spent a lot of money on booze, birds and fast cars. The rest I just squandered.

GEORGE BEST

DID YOU KNOW...

The club was originally funded by the Lancashire and Yorkshire Railway Company, before becoming a limited company in 1892. Shares were sold to locals for £1 – about £160 in today's money – with the club worth £2,000. United's net worth in 2025 is estimated at £20 billion, ten-million times more!

TRIVIA

What was added time called during the early part of the 2000s, due to Manchester United's knack for scoring in the dying minutes, often to win a game?

a) United Time

b) Party Time

c) Fergie Time

”

When the seagulls follow the trawler, it's because they think sardines will be thrown into the sea.

ERIC CANTONA

DID YOU KNOW...

The reason Manchester United are known as the Red Devils is because their legendary manager, Matt Busby, liked the name, which was used by local rugby club, Salford. So, in 1958, it was adopted and became popular, harking back to the nickname “The Heathens” from the Newton Heath days.

TRIVIA

In the 2008 Champions League Final, who missed the final penalty in the shoot-out, resulting in United winning the game?

a) Nicolas Anelka

b) Didier Drogba

c) Joe Cole

”

United is no longer just a football club; it is an institution. The demands are beyond one human being.

MATT BUSBY

DID YOU KNOW...

When Ryan Giggs was appointed interim manager in 2014, after David Moyes was sacked, he became only the second player-manager in Manchester United's history. The first was Clarrie Hilditch in 1926–27. Both Giggs and Hilditch played over 300 games for the club.

TRIVIA

In 1994, Manchester United beat Chelsea 4-0 in the FA Cup Final to do the Double. Eric Cantona scored twice, and Mark Hughes once. Who scored the other goal?

a) Brian McClair

b) Roy Keane

c) Lee Sharpe

For me, ever since I was a kid, it was a dream playing for Manchester United.

BRUNO FERNANDES

DID YOU KNOW...

Manchester United's latest official women's team was established in 2018, and won the Women's FA Cup in 2024, defeating Tottenham Hotspur 4–0 in front of 76,082 people. Lucía García scored twice, with Ella Toone and Rachel Williams scoring once for Man United Women's first trophy.

TRIVIA

Sir Alex Ferguson made one appearance for Manchester United as a player, during a friendly against a county cricket club. Which one?

a) Essex

b) Lancashire

c) Somerset

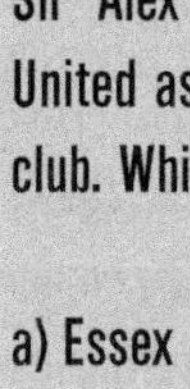

”

It’s better if the goals are beautiful, better still if they are important.

WAYNE ROONEY

DID YOU KNOW...

When Amad Diallo scored a hat-trick in 12 minutes and seven seconds for Manchester United against Southampton in 2025, it was the fastest ever for the club. He scored in the eight-second, ninetieth and ninety-fourth minute, as United came from behind to win 3–1.

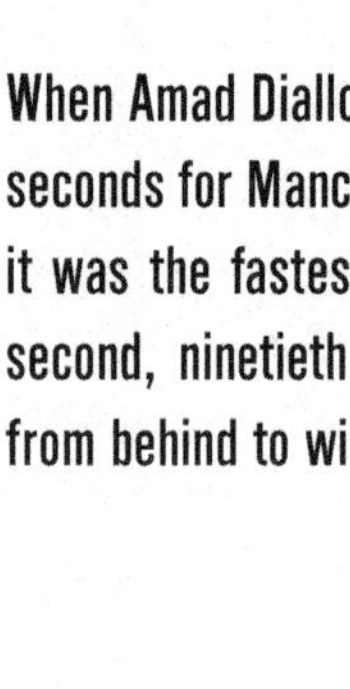

TRIVIA

Who was voted UEFA Player of thc Match in Manchester United's 2007–08 Champions League victory?

a) Cristiano Ronaldo

b) Edwin van der Sar

c) Wayne Rooney

Nothing improves your confidence and brings a team together more than winning a cup.

GARY NEVILLE

DID YOU KNOW...

In 1990–91, Manchester United won the European Cup Winners' Cup, defeating Barcelona 2–1. Both of United's goals were scored by Mark Hughes, who had failed at Barcelona, scoring only four goals in two seasons before returning to Manchester, where he scored half that in one game!

TRIVIA

The FIFA Club World Cup contest began in 1960. United came second in 1968, losing the final to Argentinian club Estudiantes. But they won in 1999 beating which Brazilian team 1-0?

a) Internacional

b) Flamengo

c) Palmeiras

"From a distance, you associate Manchester United with the Premier League, which is probably the most prestigious league in Europe."

OWEN HARGREAVES

DID YOU KNOW...

Wayne Rooney debuted for Manchester United as an 18-year-old, at home to the Turkish side Fenerbahçe in the 2004–05 Champions League – and scored a hat-trick! With goals in the seventeenth, thirty-eighth and fifty-fourth minute, the new Red Devil was instrumental in giving United a remarkable 6–2 win.

TRIVIA

In the 2013 Champions League round of 16, who was controversially sent off when Manchester United was leading 2-1 to Real Madrid, only to lose 2-3.

a) Nani

b) Patrice Evra

c) Johnny Evans

> You can change your wife, your politics, your religion, but never, never can you change your favourite football team.
>
> ERIC CANTONA

DID YOU KNOW...

Legendary midfielder Paul Scholes' last game for Manchester United was his four hundred and ninety-ninth game. His 107 goals puts him in the top ten goal scorers in United's history. But, more notably that day, he got his ninety-ninth yellow card, third most for any Premier League player and most for United.

TRIVIA

Which Manchester United captain led the club to the most trophies?

a) Gary Neville

b) Roy Keane

c) Bryan Robson

”

I can’t help but laugh at how perfect I am.

ZLATAN IBRAHIMOVIĆ

DID YOU KNOW...

Centre-back Martin Buchan was captain of United during one of its weakest eras, 1975–1982, but he still led them to an FA Cup triumph in 1977, beating Liverpool 2–1. Buchan is the only player to captain both Scottish and English FA Cup-winning sides, winning with Aberdeen in 1970.

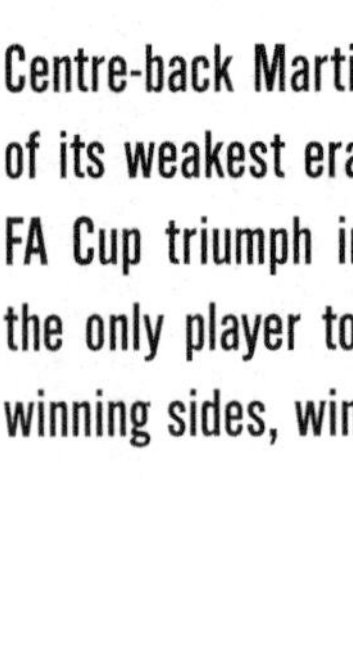

TRIVIA

Five players who have won the Ballon d'Or for world's best player have played for Manchester United, including Bobby Charlton and Denis Law. But who won it with another club before coming to United?

a) Cristiano Ronaldo

b) George Best

c) Michael Owen

”

Nobody can argue that Manchester United is not the biggest club in the world. It is.

PETER SCHMEICHEL

DID YOU KNOW...

Future Manchester United fan favourite Carlos Tevez was playing for West Ham in May 2007, when the Hammers needed to beat United to stay in the Premier League. On the stroke of half time, he scored, and West Ham won 1–0. His next game would be for United three months later.

TRIVIA

Who were the first brothers to play in a Manchester United FA Cup win together?

a) Bobby and Jack Charlton

b) Gary and Phil Neville

c) Brian and Jimmy Greenhoff

> I don't know much about football. I know what a goal is, which is surely the main thing about football.
>
> VICTORIA BECKHAM

DID YOU KNOW...

Bobby Charlton held the record for most games for Manchester United (758), and most goals (249), before being overtaken by Ryan Giggs and Wayne Rooney. He was also England's top scorer before Rooney. Add a Ballon d'Or and World Cup winner medal and he might just be England's greatest player.

TRIVIA

Which Manchester United striker reached 100 goals in the fewest games – just 110?

a) Ruud van Nistelrooy

b) Denis Law

c) Wayne Rooney

> Football is cruel at times. When things go well, you're very good, and when they go badly, well, it's awful.

DAVID DE GEA

DID YOU KNOW...

David Beckham scored 85 goals in 394 appearances for United, but it was one of his carliest goals that is best remembered. On 17 August 1996, 21-year-old Beckham scored in a 3–0 win against Wimbledon – from beyond the halfway line! One of the greatest goals in Premier League history.

TRIVIA

As a nine-year-old playing for Copplehouse boys' club in the local Walton and Kirkdale junior league, how many goals did future Manchester United record goal scorer Wayne Rooney score in a season?

a) 59

b) 79

c) 99

> Football, bloody hell.

SIR ALEX FERGUSON

DID YOU KNOW...

In February 1970, playboy winger George Best returned from a one-month suspension to play for Manchester United against Northampton in the fifth round of the FA Cup. Angry at his suspension, Best proceeded to score a double hat-trick! His six goals helped United win 8–2.

TRIVIA

When Manchester United won the 1982-83 FA Cup against Brighton & Hove Albion, who scored a penalty for the Red Devils?

a) Norman Whiteside

b) Arnold Mühren

c) Frank Stapleton

"

In 1969 I gave up women and alcohol. It was the worst 20 minutes of my life.

GEORGE BEST

DID YOU KNOW...

The shortest ever Premier League career for Manchester United was goalkeeper Nick Culkin, who was subbed on in stoppage time against Arsenal in 1999. He took the goal kick which had stopped play, and the final whistle sounded. He never played for United again.

TRIVIA

Two Manchester United players have won the PFA Young Player of the Year Award twice. One was Ryan Giggs, but who was the other?

a) David Beckham

b) Cristiano Ronaldo

c) Wayne Rooney

A last-minute winner in front of the away fans – there's nothing better.

HARRY MAGUIRE

DID YOU KNOW...

Ernest Mangnall is the only man to have managed both Manchester United (1903–12) and Manchester City (1912–24). In fact, his last game as United manager was against City, who won 1–0. Mangnall knew he was swapping and celebrated with the City team!

TRIVIA

Goalkeeper David de Gea won Manchester United's Sir Matt Busby Player of the Year four times in five years, 2014, 2015, 2016 and 2018. Who won in 2017?

a) Michael Carrick

b) Paul Pogba

c) Ander Herrera

”

In the end, very little gets in the way of what Manchester United wants to do.

TIM HOWARD

DID YOU KNOW...

Manchester United has lots of celebrity fans, from Usain Bolt to Zoe Ball, to Steve Coogan and Justin Timberlake. But Manchester City's Pep Guardiola couldn't hide his disappointment when it turned out Hollywood superstar Julia Roberts supported United! In the UK, she dropped in to Old Trafford, not the Etihad!

TRIVIA

Leeds-based band The Wedding Present named its 1987 debut album after which legendary Manchester United forward?

a) Denis Law

b) Bobby Charlton

c) George Best

”

My early ambitions were the same as they are now – to play for Manchester United. I was football mad.

JAMES NESBITT

DID YOU KNOW...

One of United's first superstar strikers, Tommy Taylor, was bought from Barnsley for £29,999 to avoid the pressure of being a £30K player. The other pound was given to a United tea lady. From 1953–56, Taylor scored 131 goals in 191 appearances. Tragically, he died in the Munich Disaster.

TRIVIA

When Manchester United lost 6-0 to Ipswich in 1990, goalkeeper George Bailey achieved what astonishing feat?

a) He saved three penalties

b) He scored three own goals

c) He received three yellow cards

”

There is no doubt that I would have won more honours had I signed for Manchester United as a youngster.

MICHAEL OWEN

DID YOU KNOW...

In the 1982, Norman Whiteside became United's youngest player since the legendary Duncan Edwards at 16 years, 6 months and 4 days. He scored the winner in the 1985 FA Cup Final but was sold to Everton in 1989 after 68 goals in 278 games. Injury ended his career at 26.

TRIVIA

After a slow start to the 2008–09 campaign, how many of their last 21 games did Manchester United win to take the title?

a) 14

b) 16

c) 18

”

The team is the star at Manchester United.

MANUEL NEUER

DID YOU KNOW...

During the 1990s, the Manchester derby was very one-sided – City failed to beat United for the whole decade! Amazingly, goalkeeper Peter Schmeichel played for United ten times during this period. Switching to City in 2002–03, he played for a win and a draw – meaning no derby losses in his career!

TRIVIA

How many players did Matt Busby sign between 1953 and 1957, while winning three titles and an FA Cup?

a) 0

b) 2

c) 4

”

If someone is too perfect they won’t look good. Imperfection is important.

ERIC CANTONA

DID YOU KNOW...

Many teammates, opponents and fans say Duncan Edwards is the best player to ever play football in England. He played 177 games for the club, but died in the Munich Air Disaster, aged only 21. A defensive midfielder, he was compared to the Rock of Gibraltar, huge and virtually impassable.

TRIVIA

Who was Cristiano Ronaldo named after?

a) Ronald Reagan

b) Ronaldo Nazário

c) Christian Dior

”

I have been a Manchester United fan all my life and fulfilled every dream I’ve ever had.

GARY NEVILLE

DID YOU KNOW...

When Rio Ferdinand made his England debut in 1997, at 19 years and 8 days he became the youngest defender in England history. He played 81 times for England, on top of 455 games for United. He won six Premier League titles, one UEFA Champions League Cup and two League Cups.

TRIVIA

Which United player had a role as the French Ambassador in the Academy Award-winning film *Elizabeth*?

a) Eric Cantona

b) Fabien Barthez

c) Mikaël Silvestre

> The high point of my career was winning the Champions League… I did it in a Manchester United shirt.

CRISTIANO RONALDO

DID YOU KNOW...

An amazing 37 players who played for Alex Ferguson have gone on to bc football managers, from Neil Webb (70 days managing Weymouth) to Gordon Strachan, who won three Scottish titles. Most successful of all is Laurent Blanc, who won four Ligue 1 titles, three with PSG, one with Bordeaux.

TRIVIA

When Duncan Edwards was first invited to trial for the English Schools Football Association's under-14 team, he was also invited to join another national team, but chose football. What was it?

a) Ten-pin bowling

b) Darts

c) Morris dancing

"This is the spirit of Manchester United: that they are ready for anything."

THOMAS TUCHEL

DID YOU KNOW...

Goalkeeper Peter Schmeichel sits second in the number of clean sheets in Manchester United history – his record of 180 clean sheets was overtaken by David de Gea, on 190. But, in percentages, Schmeichel is well ahead de Gea – 45 per cent of his games ended in a clean sheet for United, compared to de Gea's 35 per cent. A remarkable effort.

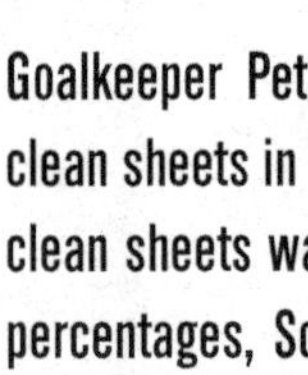

FINAL WORD

The club slogan says it all: "Glory Glory Man United". Glory in their players, their managers and supporters. And glory in all those trophies which make United the biggest and best club in the whole world. Where there is silverware up for grabs, you can guarantee United will be fighting for it!

ANSWERS

8 c

11 c

14 b

17 b

20 c

23 a

26 c

29 c

32 a

35 b

38 b

41 c

44 a

47 c

50 c

53 c

56 a

59 a

62 c

65 b
68 c
71 a
74 b
77 c
80 c
83 b
86 c
89 b
92 c
95 c
98 c
101 a
104 c
107 a
110 a
113 a
116 c

Have you enjoyed this book? If so, find us on Facebook at **Summersdale Publishers**, on Twitter/X at **@Summersdale** and on Instagram and TikTok at **@summersdalebooks** and get in touch. We'd love to hear from you!

www.summersdale.com

Image credits

Male footballers © ednal/Shutterstock.com

Female footballers © Eli_Oz/Shutterstock.com

Shirt image © tomambroz/Shutterstock.com

Printed in Great Britain
by Amazon

63032178R00070